高职高专机电一体化专业群新形态教材

钳工加工技术

主　审　王德海　张视闻

主　编　丁秀荣　王芝兰　薛正福

副主编　梁景峰　刘海超　李美萱　唐绪文

编　委　刘景欣

U0395328

东北大学出版社

·沈　阳·

图书在版编目（CIP）数据

钳工加工技术 / 丁秀荣，王芝兰，薛正福主编．

沈阳：东北大学出版社，2024.6. -- ISBN 978-7-5517-

3542-1

Ⅰ. TG9

中国国家版本馆 CIP 数据核字第 2024RW7641 号

内容提要

　　本教材是面向装备制造类、设备运行维修类各专业，配合目前职业院校开展实施的项目教学改革而编写的。本教材依据"理论够用，注重实践技能"的原则，介绍了钳工各项基本操作技能及工艺理论，共编制了钳工入门、U 形板制作、核桃夹制作、錾口工艺手锤制作、凹凸锉配件制作、齿轮减速器的拆卸与安装六个教学项目。同时采用工作手册形式，以活页方式呈现，教学中可以根据需要对教学内容进行动态调整。

出 版 者：东北大学出版社
　　　　　地址：沈阳市和平区文化路三号巷 11 号
　　　　　邮编：110819
　　　　　电话：024-83683655（总编室）
　　　　　　　　024-83687331（营销部）
　　　　　网址：http://press.neu.edu.cn
印 刷 者：辽宁一诺广告印务有限公司
幅面尺寸：185 mm×260 mm
印　　张：18
字　　数：427 千字
出版时间：2024 年 6 月第 1 版
印刷时间：2024 年 6 月第 1 次印刷
策划编辑：牛连功
责任编辑：王　旭
责任校对：周　朦
封面设计：潘正一
责任出版：初　茗

ISBN 978-7-5517-3542-1　　　　　　　　　　　　定　价：54.00 元

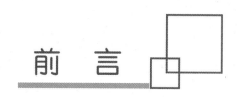

前　言

　　钳工加工技术是工业生产中机械制造类各专业从业者必备的基本技术之一，是掌握机械加工技能的基石。本教材配合各专业所需钳工相关技术课程的教学要求，为学生提供从事机械产品制造、装配、维护修理所必需的钳工基础知识、方法和技能，培养学生安全文明的生产习惯、严谨认真的工匠精神、良好的职业道德和综合职业能力，为学生后续工种的学习、从事专业工作、适应岗位能力需求、学习新技术及创新创业打下坚实的基础。

　　本教材按照项目式教学法的体例进行编写，以活页方式呈现，教学中可以根据需要对教学内容进行动态调整。

　　本教材通过对调研企业及周边熟悉企业的钳工工作岗位需求进行分析，结合钳工职业技能鉴定要求，确定既实用又具有教学价值的典型工作任务，以所选典型工作任务为载体，引导学生完成相应的工作任务，学习、学会钳工基本加工技术，并能灵活运用其解决实际问题，掌握工作方法。本教材共开发了六个教学项目，分别为钳工入门、U形板制作、核桃夹制作、錾口工艺手锤制作、凹凸锉配件制作、齿轮减速器的拆卸与安装，以供不同专业、不同需求的教学单位自由组合选取。其中，项目一和项目二由丁秀荣编写，项目三由王芝兰编写，项目四由刘海超编写，项目五由薛正福编写，项目六由梁景峰编写。

　　本教材由丁秀荣、王芝兰、薛正福担任主编，梁景峰、刘海超、李美萱、唐绪文担任副主编，刘景欣担任编委，王德海、张视闻担任主审。具体分工如下：丁秀荣组建教材编写团队，负责教材整体设计、教材内容组织、教材大纲编写及全书统稿工作；王芝兰、薛正福负责教材项目编写、教材视频录制及课件制作工作；梁景峰、刘海超负责教材项目编写及材料收集与整理工作；李美萱负责书稿中所有零件图的绘制及编辑整理工作；唐绪文负责对开发的教学项目进行把关，为教学内容与岗位需求对接提供建设性意见；刘景欣负责书稿视频、课件的剪辑与制作工作；王德海、张视闻负责审定书稿。本教材遵循"以全面素质为基础""以职业能力为本位""以工作过程为导向"的理念，符合学生的认知规律和技能养成规律，符合工作过程逻辑；坚持以应用为主线，适应课程综合化和任务化的需要，体现"做中学、学中做"的教学思路。

由于时间仓促及编者水平有限，本教材中难免存在不妥之处，敬请各位同人、老师、专家和读者批评指正。

编　者

2023 年 6 月

目　录

项目一

钳工入门

任务一　认识钳工

任务目标

【知识目标】

(1)认识钳工工种，明确钳工在工业生产中的地位，理解开展钳工加工技术学习的意义。

(2)明确钳工的工作任务、适用场合、特点、分类、基本技能种类及应用。

(3)了解钳工常用设备和工、量、刃具的种类及用途。

(4)掌握回转式台虎钳的组成结构和工作原理。

【能力目标】

(1)明确本课程的学习方法。

(2)能对回转式台虎钳进行正确的拆卸、安装、维护保养和修理。

【思政目标】

(1)了解专业，爱岗敬业。

(2)学习大国工匠事迹，树立工匠精神。

任务准备

选好教学参观用钳工工作场地，准备好钳工常用设备和工、量、刃具，以及教材、课件、视频资源等。

任务导学

同学们，你们即将踏入"钳工加工技术"学习的大门，那么你们对其了解多少呢？

请你们试着回答下列问题。

(1)什么是钳工？它在工业生产中的地位如何？你去过钳工工作场地吗？

(2)钳工的工作任务有哪些？

(3)什么工作场合需要钳工？与其他工种相比，钳工工作的特点是什么？

(4)我国国家职业技能标准将钳工分为几类？分别从事何种工作？

(5)钳工的基本技能种类有哪些？分别应用在什么情况下？

(6)钳工常用哪些设备？这些设备有什么用途？

(7)钳工常用哪些工、量、刃具？它们有什么用途？

(8)如何学习"钳工加工技术"这门课程呢？

同学们，你们能回答这些问题吗？

有疑难别着急，请大家学习后面的知识链接。

知识链接

钳工在工业生产中应用广泛，无论是在工作中还是在生活中，只要与机械相关，就离不开钳工。同时，钳工也是最基础的工种之一，被喻为"机械加工技术金字塔的基石"。

随着机械工业的发展，许多繁重的工作已被机械加工设备、智能制造技术所取代，但那些精度高、形状复杂的零件的加工，机器装配及设备安装调试与维修，是机械加工设备难以完成的，这些工作的完成仍需要钳工精湛的技术。因此，钳工是工业生产中不可缺少的工种。

一、钳工的概念

钳工是利用钳工工具和设备，从事工件的划线与加工，机器的装配与调试，设备的安装与维修，工、量、刃、模、卡具等的制造和修理等工作的工种。

开篇

二、钳工工作的特点

(1)以手工操作为主，劳动强度大，工作效率低。

(2)灵活性强。

(3)工作范围广。

(4)技术要求高。

(5)操作者的技能水平直接影响工件的加工质量。

三、钳工技术的应用场合

钳工技术应用于机械方法无法加工或不方便加工的情况。

四、钳工的分类

我国人力资源社会保障部办公厅于 2020 年 6 月颁布了钳工国家职业技能标准(2020 年版),同时根据《国家职业资格目录》,该职业技能标准适用范围包括"工具钳工""装配钳工""机修钳工"三类。

(1)工具钳工:主要从事工、模、刃具等的制造与修理。

(2)装配钳工:主要从事工件的划线与加工、机器的装配与调试。

(3)机修钳工:主要从事设备的安装与调试、机器的维护与修理。

无论哪类钳工,共性的要求是均应具备扎实的基本工艺理论和操作技能,然后根据不同分工进一步学习相应技术领域的知识和技能。

五、钳工的基本操作技能

钳工的基本操作技能见表 1-1。

表 1-1 钳工的基本操作技能

基本操作	演示	简介
划线		根据图样要求,用划线工具在毛坯或半成品上划出待加工部位的轮廓线或基准
錾削		用锤子打击錾子,对金属材料进行切削加工
锯削		利用手锯锯断金属材料(或工件)或在工件上切槽
锉削		用锉刀对工件表面进行切削加工,使其达到工件图样要求

表1-1(续)

基本操作	演示	简介
孔加工		钻孔：用钻头在实体材料上加工孔； 扩孔：用扩孔工具扩大已加工出的孔； 锪孔：用锪钻对孔口加工出一定形状的孔或表面； 铰孔：用铰刀对粗加工的孔壁进行精加工
螺纹加工		攻螺纹：用丝锥在孔的内壁上加工出内螺纹； 套螺纹：用圆板牙在圆柱杆的外表面加工出外螺纹
矫正与弯形		矫正：消除材料或工件弯曲、翘曲、凹凸不平等缺陷； 弯形：将坯料弯成需要的形状
铆接和粘接		铆接：用铆钉将两个或两个以上工件组成不可拆卸的连接； 粘接：利用黏结剂将不同或相同的材料牢固地连接成一体
刮削		用刮刀在已加工表面上刮去一层很薄的金属，以达到精度要求
研磨		用研磨工具和研磨剂从工件上研磨掉极薄表面层，属于精加工方法

表1-1（续）

基本操作	演示	简介
装配和调试		将若干合格的零件按照规定的技术要求组合成部件，或者将若干零件和部件组合成机器设备，并经过调整、试验等使之成为合格产品的工艺过程
测量	22.46 mm	用量具、量仪检测工件或产品的尺寸、形状、位置是否符合图样技术要求
简单的热处理		通过对工件进行加热、保温和冷却，改变金属材料的内部组织，以改变材料的机械、物理、化学性能

六、钳工的工作场地

钳工的工作场地即钳工的固定工作地点。布置钳工的工作场地时，应注意以下三点。

（1）工作台的位置应在光线适宜、工作方便处，工作台之间距离适当，中间设有防护网。

（2）设备布局要合理，一般安装在场地边缘。

（3）场地内工件、毛坯要分放，保护好工、夹、量具，保持场地清洁整齐。

七、钳工的常用设备

（一）台虎钳

钳工常用设备

台虎钳又称虎钳，是加工时用来夹持工件的工具。

（1）作用：通用夹具。

（2）规格：以"钳口宽"表示，常用规格有 100，125，150 mm 三种。

（3）结构：台虎钳有固定式和回转式两种。常用回转式台虎钳如图 1-1 所示。

图1-1　回转式台虎钳

（二）钳工工作台

钳工工作台简称钳台或钳桌，是钳工操作的专用案子，如图1-2所示。

图1-2　钳工工作台　　　　　　　　　图1-3　钳工工作台适宜高度

（1）作用：安放台虎钳，存放常用工、量、刃具。

（2）规格：工作台的厚度约为60 mm；台面高度为800~900 mm，装上台虎钳后，钳口高度以恰好齐人的手肘为宜，见图1-3；无长度、宽度要求，长度和宽度可随工作需要而定。

（3）结构：钳工工作台有多种式样，有木制的、钢结构的或在木制的台面上覆盖铁皮的，还有单人用和多人用的。

（三）砂轮机

砂轮机是一种简单的磨床，如图1-4所示。

（a）台式砂轮机　　　　　　　　（b）立式砂轮机

图1-4　砂轮机

（1）作用：刃磨各种刀具、工具。

（2）结构：砂轮机主要由基座、砂轮、电动机或其他动力源、托架、防护罩等组成。常用的砂轮有两种：一种是白色氧化铝砂轮，可用来刃磨高速钢及碳素工具钢刀具；另一种是绿色碳化硅砂轮，可用来刃磨硬质合金刀具。

（3）使用时的注意事项：遵循砂轮机的安全操作规程。

（四）钻床

钻床是主要以钻头作刀具在工件上加工孔的机床。

（1）作用：孔加工，如钻孔、扩孔、锪孔、铰孔等。

（2）种类：钻床主要有三种，即台式钻床、立式钻床、摇臂式钻床，如图1-5所示。

（a）台式钻床　　　　（b）立式钻床　　　　（c）摇臂式钻床

图1-5　钻床

八、钳工常用的工、量、刃具

结合实物认识钳工常用的各种工、量、刃具，如图1-6所示。

钳工常用
工、量具

（a）钳工加工工具　　　　　　（b）钳工拆、装工具

（c）钳工划线工具　　　　　　（d）钳工常用量具

图1-6　钳工常用的各种工、量、刃具

任务思考

(1)钳工的工作任务有哪些? 其适用情况、特点如何?

(2)根据我国 2020 年 6 月颁布的钳工国家职业技能标准(2020 年版), 将钳工分为几类? 各从事哪些工作?

(3)钳工的基本操作技能有哪些? 适用情况如何?

(4)钳工常用哪些设备? 钳工常用的工、量、刃具有哪些? 它们分别有什么用途?

(5)钳工的实训场地有何要求?

任务二　钳工安全文明生产要求

任务目标

【知识目标】

(1)掌握钳工安全文明生产的基本要求及相关制度。

(2)掌握使用台虎钳和錾削、锯削、锉削时的注意事项。

(3)掌握钻床工和砂轮机工的安全操作规程。

(4)明确钳工实训所需设备及工、量、刃具的管理制度。

【能力目标】

工作中做到文明操作, 遵守钳工各项操作规程, 确保无事故发生。

【思政目标】

树立"安全第一、预防为主"的安全工作意识, 警钟长鸣!

任务准备

(1)准备好教材、课件及视频等资源。

(2)查阅资料, 观看钳工安全事故案例录像。

(3)明确遵守钳工各项操作规程和安全文明生产的重要性。

任务导学

(1)进入实习场地前应该做好哪些准备工作?

(2)实习工作前应该做好哪些准备?

(3)实习工作中应该怎样做?

(4)实习结束应该做好哪些工作?

(5)离开使用的机床前要做好哪些工作?

（6）使用台虎钳时应该注意哪些事项？

（7）錾削、锯削、锉削时应该注意哪些事项？

（8）钻床工的安全操作规程有哪些？

（9）砂轮机工的安全操作规程有哪些？

（10）在机器的拆装和维护保养过程中，有哪些常见的安全生产注意事项？

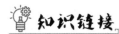 知识链接

一、学生行为规范及安全文明生产的基本要求

安全教育

（一）进入实训场地前

（1）学生必须经过安全培训，经考试合格方可进入实训场地。

（2）学生应穿好工作服、工作鞋，长发学生应戴好工作帽。

（二）实习工作前

（1）应检查所使用的工、量、刃具是否齐全，是否有安全隐患。

（2）若有上述情况，应及时修复或上报。

（三）实习工作中

（1）要爱护所使用的设备及工、量、刃具，不经教师批准不擅自开动与实习无关的机床设备；离开使用的机床前应关车、关灯、切断电源。

（2）热爱集体、团结同学、尊师守纪、互帮互学、听从指挥、勤学苦练。

（3）做到不迟到、不早退、不无故缺席、不擅自离开实习工作岗位，有事请假；不在实训场地内大声喧哗，不在场内追逐打闹，不吃零食、不吸烟、不串工位、不串教学区，保持工作场地的清洁整齐。

（4）必须严格遵守钳工各项操作规程。

（5）电气设备损坏应由专职电工进行维修，其他人员不得擅自拆动。

（四）实习结束

（1）应清点、清理好个人用具，维护保养好使用过的设备。

（2）搞好实习工位、场地及担当区的卫生。

二、使用台虎钳时的注意事项

（1）夹紧工件，松紧适当。

（2）强力作业时，使力朝向固定钳身。

（3）不得在活动钳身和光滑平面上敲击作业。

（4）活动表面应经常清洗、润滑，以防生锈。

(5)钳口张开的距离不超过钳口宽。

三、錾削、锯削、锉削时的注意事项

(一)錾削

(1)不得面对面錾削,否则中间应有防护网。

(2)錾削前,应检查锤子、錾子是否有安全隐患。若有,则应及时修复或上报;否则,不准使用。

(3)錾削时,要观察身后是否有人,以防操作时伤及他人。

(二)锯削

(1)锯削时,要控制好力量,防止因锯条突然折断、失控而使人受伤。

(2)工件将要断时,应减小压力,并用没有握锯的那只手将其扶住,防止工件断落时砸伤脚。

(三)锉削

(1)锉柄要装牢,不要使用刀柄有裂纹的锉刀。

(2)既不得用嘴吹铁屑,也不得用手清理铁屑。

(3)锉刀放置时不得露出钳台边。

(4)夹持已加工表面时,应使用保护片(或软钳口),较大的工件要加木垫。

(5)锉刀面不得沾水或油。

四、钻床工操作规程

(1)不戴手套,不戴围巾。

(2)袖口扎紧,或者戴好套袖。

(3)被钻工件夹牢。

(4)钻薄工件时,要在下面垫上木块;钻深孔时,要勤退屑。

(5)钻小工件时,不得用手按着工件钻,而应用虎钳夹住工件方可钻孔。

(6)钻头磨钝后,不得继续使用,钻削过程中要冷却以防钻头退火。

(7)不许钻半边孔,必要时需补足同类材料。

(8)钻孔过程中如听见异常声音,要停车查明原因。

(9)钻孔时,如遇突然停车,要退出钻头,同时拉断电源。

(10)找正时,不准用硬金属敲打工作面。

(11)变换转速时,应先停机,不得在电机未完全停机前打开防护罩壳。

(12)钻削工作中,操作人员头部不要离钻头太近,不得摸钻头的转动部分,不用手直接拉拽钻屑,尤其是钻头上缠有铁屑时,要停车清除,禁止用手拉、用嘴吹铁屑,应用刷子或铁钩等工具对铁屑进行清理,以防伤人。

(13)不得在旋转的刀具下翻转、卡压或测量工件。

（14）对不熟悉的手柄、按钮，不得乱动。

五、砂轮机工操作规程

（1）砂轮机必须安装在坚固的基础上，以减轻振动，使其处于平衡状态。

（2）安装砂轮片时，要仔细检查其有无裂缝和破损；砂轮片装轴时，不准敲打或过度嵌合；换砂轮后，应先试车，空转半小时观察无问题后方可使用。

（3）每次开机前，应用手转动砂轮，检查砂轮有无裂缝、防护罩及各部件是否完好。

（4）研磨时，必须戴防护镜，不得站在砂轮机的正面（要站在砂轮机的侧面），以防砂轮破裂伤人。禁止使用较薄砂轮片的侧面研磨，以防砂轮破裂伤人。

（5）磨削时，应使砂轮片正转，使磨屑向下飞离砂轮。如有磨屑飞入眼中，不能用手去擦，更不能揉，应及时去医务室将其取出。

（6）砂轮机启动后，应在砂轮旋转平稳后再进行磨削，若砂轮跳动明显，则应及时停机修理。

（7）磨工具时要注意手指，严禁因刀具过热而用破布扎束研磨（应用水冷却），以免刀具伤人。

（8）在研磨时，严禁将刀具顶在腹部等不良操作习惯，以免刀具伤人。

（9）不得单手持工件进行磨削，防止工件落在防护罩内而卡破砂轮。

（10）磨削位置应稍高于砂轮水平中心线。

（11）禁止磨特大工件、过小工件、软金属（如铜、铝等）、薄铁片、木料等。

（12）一片砂轮只准一人使用，严禁多人同时操作。

（13）应经常修整砂轮的磨削面。

（14）磨削完毕，应关闭电源。

（15）应经常清除防护罩内积尘，并定期检修更换主轴润滑油脂。

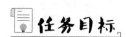
任务思考

同学们，在钳工实训过程中应该如何做，才能保证我们高高兴兴地来、平平安安地回呢？

任务三　台虎钳的使用与维护

任务目标

【知识目标】

（1）了解台虎钳的种类和用途。

(2)明确回转式台虎钳的结构和工作原理。

【能力目标】

(1)能对照实物说出回转式台虎钳的各组成零件名称及作用。

(2)会正确使用台虎钳。

(3)会正确使用拆装工具对回转式台虎钳进行拆装、维护保养。

【思政目标】

学生要养成团结友爱、相互合作、安全文明、有序操作的良好习惯。

任务准备

(1)准备好教材、课件及视频等资源。

(2)理解并明确学习任务。

任务导学

同学们，你们认识台虎钳吗？台虎钳有几种？回转式台虎钳长什么样？它有什么作用？台虎钳的结构和工作原理是什么？怎么用？平时如何维护保养？哪些部位容易出现故障？怎么修理？

知识链接

台虎钳是一种通用夹具。常用回转式台虎钳的整个钳身可以回转，能满足不同方位的加工需求，因此应用广泛。回转式台虎钳的组成结构如图1-7所示。

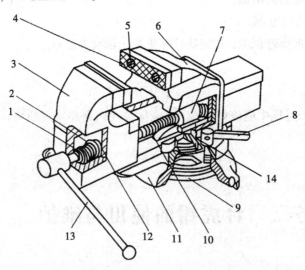

回转式台虎钳结构

图1-7　回转式台虎钳的组成结构

1—弹簧；2—挡圈；3—活动钳身；4—钢制钳口；5—螺钉；6—固定钳身；

7—丝杆螺母；8—夹紧手柄；9—夹紧盘；10—丝杆；11—转座；

12—开口销；13—手柄；14—安装螺栓(在台虎钳的内部，图中无法显示)

回转式台虎钳的拆卸

台虎钳的工作原理：顺时针或逆时针转动手柄，手柄带动丝杆转动，丝杆与固定的丝杆螺母旋合，使得丝杆旋转的同时做直线移动，丝杆与活动钳身相连，因此丝杆带动活动钳身做直线运动。手柄顺时针转动，实现对工件的夹紧；手柄逆时针转动，实现对工件的松开。丝杆螺母副有两个作用：① 传递运动和动力；② 改变运动形式（将旋转运动转变为活动钳身的直线往复运动，从而实现对工件的夹紧和松开）。

台虎钳的装配
与保养

台虎钳使用与维护的相关内容见表 1-2。

表 1-2　台虎钳使用与维护

操作步骤	示意图	操作要点与要求
（1）认识台虎钳		操作要点：观察台虎钳外观，辨识各组成结构件并说出其名称，理解各组成结构件的作用，测量钳口宽度，识读铭牌规格
		要求：理解台虎钳规格和型号的含义
（2）台虎钳打开与闭合		操作要点：单手转动台虎钳手柄，练习台虎钳的打开与闭合
		要求：动作连贯、迅速，能记住手柄旋转方向与钳口开合的关系
（3）观察钳口并修整钳口位置		操作要点：打开钳口，观察钳口网格分布，分析其作用。如果钳口松动，那么应在教师指导下用螺丝刀或内六角扳手拆下螺钉，清理钳口安装平面上的铁屑等杂物，然后装上钳口，并紧固好螺钉
		要求：钳口安装无间隙、紧固可靠，两钳口合拢后能平齐

表1-2(续)

操作步骤	示意图	操作要点与要求
(4)台虎钳夹紧螺钉手柄的松开与夹紧		操作要点：双手分别旋松两侧夹紧螺钉手柄
		要求：弄清旋松夹紧螺钉手柄的对应旋向，明白其作用
(5)活动钳身与固定钳身分离，并对丝杆进行维护保养		操作要点：将台虎钳活动钳身旋出，使之与固定钳身分离，清洁内部污物后，在丝杠上涂适当油脂
		要求：检查丝杠固定端弹簧、挡圈和开口销是否完好，如有损坏，可在教师指导下修理或更换
(6)固定钳身与底座分离		操作要点：将台虎钳固定钳身与底座分离，并小心地放置在一边台面上
		要求：检查底座内夹紧盘有无损坏断裂，检查安装螺栓是否完好。如有损坏，可在教师指导下修复或更换
(7)台虎钳固定钳身内丝杆螺母的保养维护		操作要点：清洁固定钳身内部污物后，在丝杠螺母内加注适量润滑油脂
		要求：检查并调整丝杠螺母的固定螺钉，使其能刚好与丝杠螺母连接上，但又不至于太紧，丝杠螺母仍可做左右小幅回转
(8)台虎钳装配并做转动练习		操作要点：将固定钳身装在转座上，并旋紧两侧的夹紧螺钉，将活动钳身装入固定钳身内，注意使丝杠对准丝杠螺母，然后旋动手柄使活动钳身与固定钳身合拢
		要求：安装后，旋入、旋出操作灵活，无阻滞和异响。两侧夹紧螺钉松开后，台虎钳能回转自如，夹紧时能完全固定

表1-2(续)

操作步骤	示意图	操作要点与要求
(9)小型工件夹紧练习		操作要点：将小型工件装夹在台虎钳上并夹紧
		要求：装夹牢固、松紧适当、平正，工件高出钳口15~20 mm。夹紧过程中，严禁用接长套管扳手手柄或用锤子敲打手柄的方法来夹紧工件，防止台虎钳因超负荷而损坏
(10)长条形工件夹紧练习		操作要点：将长条形工件垂直装夹在台虎钳上
		要求：台虎钳正位，工件下端能伸出钳工工作台边沿

任务思考

(1)熟练说出回转式台虎钳的结构和工作原理。

(2)平时如何对台虎钳进行维护保养？

(3)台虎钳的哪个部位容易出现故障？如何维修？

(4)拆装、维护、保养台虎钳时应该注意哪些事项？

任务四　项目工作评价及反馈

评价目标

(1)能正确规范撰写总结。

(2)对工作项目进行正确评价。

(3)能采用多种形式进行成果展示。

评价与分析

一、工作过程评价

下面采用自我评价、小组评价、教师评价相结合的发展性评价体系对项目工作过程进行评价。

（一）自我评价

自我评价见表1-3。

表1-3 自我评价表

班级：_____ 姓名：_____ 学号：_____号 ___年___月___日

评价项目	评价标准	配分	等级评定			
			A	B	C	D
学习（工作）态度	态度端正、工作认真，没有无故缺席、迟到、早退、脱岗现象；及时完成各项学习任务，不拖延	10				
安全文明操作习惯	习惯良好，遵守钳工各项操作规程，文明操作	10				
设备及工、量、刃具的使用	会正确选择钳工常用设备及工、量、刃具，并能正确使用	10				
社会能力	能与同学、小组成员积极沟通、交流合作，具有一定的组织能力和协调能力	10				
职业素养	与企业岗位需求接轨，爱岗敬业，养成良好的职业行为习惯；热爱劳动，有工匠精神	10				
学习能力	依据现实需要，利用具备的知识技能、现有资源或多渠道进行有效资源查阅搜集，不断学习新知识、新技术，寻找解决实际问题的方法步骤，完成项目任务	10				
技能操作	（1）识图能力强； （2）熟悉加工工艺流程选择、技能技巧工艺路线优化； （3）熟练掌握钳工专业所学各项操作技能，基本功扎实； （4）动手能力强，能做到理论联系实际，并能灵活应用； （5）熟悉质量检测及分析方法，结合实际，提高自己的综合实践能力； （6）掌握加工精度控制和尺寸链的基本算法	10				
创新意识	能从资源学习（如阅览相关技术资料、搜集与观看相关视频等）中受到启发，可以优化项目完成方法或工艺，或者有独到见解被采纳	10				
学习成果（作品）	通过学习和规范的技能操作，使得学习成果（作品）达到项目目标要求	20				
合计		100				

注：等级评定：A代表"优"（10分）；B代表"好"（8分）；C代表"一般"（6分）；D代表"有待提高"（4分）。

（二）小组评价

小组评价见表1-4。

表1-4 小组评价表

被评人姓名：_____ 学号：_____号 ___年___月___日 评价人：_____

评价项目	评价标准	配分	等级评定			
			A	B	C	D
学习（工作）态度	态度端正、工作认真，没有无故缺席、迟到、早退、脱岗现象；及时完成各项学习任务，不拖延	10				
安全文明操作习惯	习惯良好，遵守钳工各项操作规程，文明操作	10				
设备及工、量、刃具的使用	会正确选择钳工常用设备及工、量、刃具，并能正确使用	10				
社会能力	能与同学、小组成员积极沟通、交流合作，具有一定的组织能力和协调能力	10				
职业素养	与企业岗位需求接轨，爱岗敬业，养成良好的职业行为习惯；热爱劳动，有工匠精神	10				
学习能力	依据现实需要，利用具备的知识技能、现有资源或多渠道进行有效资源查阅搜集，不断学习新知识、新技术，寻找解决实际问题的方法步骤，完成项目任务	10				
技能操作	（1）识图能力强； （2）熟悉加工工艺流程选择、技能技巧工艺路线优化； （3）熟练掌握钳工专业所学各项操作技能，基本功扎实； （4）动手能力强，能做到理论联系实际，并能灵活应用； （5）熟悉质量检测及分析方法，结合实际，提高自己的综合实践能力； （6）掌握加工精度控制和尺寸链的基本算法	10				
创新意识	能从资源学习（如阅览相关技术资料、搜集与观看相关视频等）中受到启发，可以优化项目完成方法或工艺，或者有独到见解被采纳	10				
学习成果（作品）	通过学习和规范的技能操作，使得学习成果（作品）达到项目目标要求	20				
合计		100				

注：等级评定：A代表"优"（10分）；B代表"好"（8分）；C代表"一般"（6分）；D代表"有待提高"（4分）。

(三)教师评价

教师评价见表 1-5。

表 1-5 教师评价表

被评人姓名：_____ 学号：_____号 ___年___月___日 教师：_____

评价项目	评价标准	配分	等级评定			
			A	B	C	D
学习(工作)态度	态度端正、工作认真，没有无故缺席、迟到、早退、脱岗现象；及时完成各项学习任务，不拖延	10				
安全文明操作习惯	习惯良好，遵守钳工各项操作规程，文明操作	10				
设备及工、量、刃具的使用	会正确选择钳工常用设备及工、量、刃具，并能正确使用	10				
社会能力	能与同学、小组成员积极沟通、交流合作，具有一定的组织能力和协调能力	10				
职业素养	与企业岗位需求接轨，爱岗敬业，养成良好的职业行为习惯；热爱劳动，有工匠精神	10				
学习能力	依据现实需要，利用具备的知识技能、现有资源或多渠道进行有效资源查阅搜集，不断学习新知识、新技术，寻找解决实际问题的方法步骤，完成项目任务	10				
技能操作	(1)识图能力强； (2)熟悉加工工艺流程选择、技能技巧工艺路线优化； (3)熟练掌握钳工专业所学各项操作技能，基本功扎实； (4)动手能力强，能做到理论联系实际，并能灵活应用； (5)熟悉质量检测及分析方法，结合实际，提高自己的综合实践能力； (6)掌握加工精度控制和尺寸链的基本算法	10				
创新意识	能从资源学习(如阅览相关技术资料、搜集与观看相关视频等)中受到启发，可以优化项目完成方法或工艺，或者有独到见解被采纳	10				
学习成果(作品)	通过学习和规范的技能操作，使得学习成果(作品)达到项目目标要求	20				
合计		100				

注：等级评定：A 代表"优"(10分)；B 代表"好"(8分)；C 代表"一般"(6分)；D 代表"有待提高"(4分)。

（四）综合评价

综合评价见表1-6。

表1-6 综合评价表

班级：_____ 时间：_____

姓名	评价占比			综合评分
	自我评价（20%）	小组评价（20%）	教师评价（60%）	

二、作业成果展示评价

（一）小组评价

将个人的作业成果先进行分组展示，再由小组推荐代表做必要的介绍。在作业成果的展示过程中，学生以小组为单位对其进行评价。评价完成后，将其他小组成员对本小组展示的作业成果的评价意见进行归纳总结，并完成如下题目。

（1）展示的作业成果符合要求吗？

符合□　　　　　不符合□

（2）与其他小组相比，你认为本小组的作业成果的质量如何？

优秀□　　　　合格□　　　　一般□

（3）本小组介绍作业成果时的表达是否清晰？

很好□　　　　一般□　　　　不清晰□

（4）本小组演示作业成果检测方法的操作正确吗？

正确□　　　　部分正确□　　　　不正确□

（5）本小组在演示操作时遵循了"6S"的工作要求吗？

符合工作要求□　　忽略了部分要求□　　完全没有遵循工作要求□

（6）本小组成员的团队创新精神如何？

良好□　　　　一般□　　　　不足□

（7）在本次任务中，你所在的小组是否达到学习目标？你对所在小组的建议是什么？你给所在小组的评分是多少？

（二）自我评价

自我评价小结：

_____

（三）教师评价

教师对各小组展示的作业成果分别做评价。
（1）对各小组的优点进行点评。
（2）对展示过程中各小组的缺点进行点评，改进学习方法。
（3）总结整个任务完成过程中出现的亮点和不足。

（四）综合评价

任课教师：_____   _____年_____月_____日

项目一小结

钳工入门

认识钳工
- 钳工的任务、地位、适用场合和工作特点
- 分类：装配钳工、机修钳工、工具钳工
- 基本技能：划线、錾削、锯削、锉削、孔加工、螺纹加工、矫正与弯形、铆接与粘接、刮削、研磨、装配和调试、测量、简单的热处理，简单机器的拆装、维护保养

安全教育
- 安全文明生产基本要求
- 钳工各项安全操作规程
- 钳工车间管理制度

台虎钳的使用与维护
- 台虎钳的组成结构、工作原理
- 台虎钳拆、装及维护保养常识
- 台虎钳故障类型及维修方法

项目二

U 形板制作

>>> 项目任务书

一、工作情境描述

某机械加工制造企业因发展需要，招聘了一批觉悟高、素质好、身体健康、具备基础钳工加工技术的新员工，并委托培训单位对他们进行为期30学时的培训。

为了使新员工既能了解并掌握钳工基础理论和基本技能，又能使企业降低材料消耗成本，培训单位精心设计了U形板作业件。

新员工通过完成该项工作任务，能够学习钳工的读图、测量、平面划线、锯削、锉削、錾削、孔加工、螺纹加工等基本操作技术，以及分析问题、解决问题的方法步骤；同时，熟悉企业钳工工作场地的环境要素、设备管理要求，明确并遵守钳工安全操作规程，养成文明操作、正确穿戴工装和劳动防护用品的良好习惯；学会按照现场管理制度清理场地、归置物品，按照环保要求处理废弃物，既可以为走向工作岗位做好准备，也可以为机械类专业的后续学习打好基础。

二、U 形板作业图

U 形板作业图如图 2-1 所示。

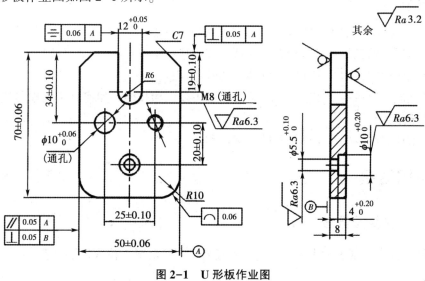

图 2-1 U 形板作业图

任务一　读项目任务书及作业图

任务目标

【知识目标】

(1)明确作业图所表达的内容和信息。

(2)掌握读图的方法和步骤。

【能力目标】

(1)会读项目任务书(或称项目工单)。

(2)能应用已有制图、公差、机械制造工艺等知识全面准确地读出作业图所表达的内容和信息。

(3)通过学习,能够制定产品从设计到诞生的流程。

(4)培养运用知识和智慧来分析及解决实际问题的能力。

【思政目标】

感受企业文化,培养学生严谨、认真的学习和工作态度,树立积极进取的职业品质意识。

任务准备

(1)项目任务书、教材、课件及视频等资源。

(2)认真阅读项目任务书,理解并明确学习任务。

任务导学

学生领取项目二的项目任务书,试着回答以下问题。

(1)本项目的工作任务是什么? 为什么安排这项工作任务?

(2)如何读作业图? 作业图通常能表达哪些信息?

(3)完成本项目的工作任务,需要具备哪些知识和技能? 如何有条理地尽快学会这些知识和技能?

(4)如何编制本项目工作任务的合理流程?

知识链接

一、读项目任务书

项目任务书呈现了学生要完成的工作任务,一般情况下包含以下内容:

（1）具体的工作任务、目的；

（2）工期；

（3）工作任务作业图样；

（4）任务作品质量技术要求；

　………

本项目要求学生加工制作U形板，目的是让学生学习钳工基本操作技术，工期为30学时，有作业图和作品质量技术要求。

二、读作业图

作业图是设计者和生产者联系的桥梁。生产者通过读作业图能明确设计者的意图和要求。正确读作业图是钳工必须具备的能力之一，其方法如下。

（1）读作业件形状。

（2）读作业件大小（尺寸）。

（3）读作业件要求（针对单个作业件）。

① 尺寸要求。

② 形状要求。

③ 位置要求。

④ 表面粗糙度要求。

⑤ 其他技术要求。

（4）读出作业件划线基准（平面2个、立体3个）。

（5）读作业件最大轮廓尺寸（平面2个、立体3个，用于备料或检查来料尺寸）。

（6）分析作业件图形画法。

（7）分析作业件加工工艺方法和步骤。

形状规则工件加工工艺步骤的制定原则如下。

① 先基准后其他。

② 先大（或长）后小（或短）。

③ 先平行后垂直。

④ 先直后曲。

⑤ 先内后外。

按照上述方法分析U形板作业图（见图2-1），可知：该U形板是在尺寸为50 mm×70 mm×8 mm长方体的基础上，加工2个C7倒角，2个半径为10 mm外圆弧，1个宽12 mm、深19 mm、底部半径为6 mm圆弧的U形槽，3个孔（1个M8螺纹孔、1个φ10 mm光孔、1个阶梯孔）。对其有尺寸要求（如50 mm±0.06 mm，70 mm±0.06 mm）、形状要求（如平面度、线轮廓度）、位置要求（如垂直度、对称度）及表面粗糙度要求。

三、工作任务要素分析

用钳工方法加工制作U形板作业件，根据其结构特点和要求可以推知，学生需要对读图、测量、划线、锯削、锉削、錾削、孔加工、螺纹加工、刮削与研磨等基本操作技术进行综合运用。这需要学生有计划、分步骤地进行学习。

针对本项目制订的工作任务学习计划如下。

任务一：读项目任务书及作业图

任务二：测量技术

任务三：锉削基础——锉平面

任务四：划线

任务五：锯削

任务六：板料锉长方

任务七：錾削

任务八：锉曲面

任务九：孔加工

任务十：螺纹加工

任务十一：刮削与研磨

任务十二：U形板制作工艺及质量检测

任务十三：项目工作评价及反馈

任务思考

(1)项目任务书一般包含哪些内容？

(2)如何读作业图？

(3)认真阅读U形板作业图，从中得到的信息如下：

① 作业图中的作图基准有_____个，分别是_____和_____；

② 定位尺寸有_____，定形尺寸有_____；

③ 最大轮廓尺寸有_____个，分别是_____和_____；

④ 对U形板的要求有哪些？

_____

_____

(4)用钳工方法加工U形板需学会哪些基本技能？

(5)如何绘制作业图？请你独立绘制U形板作业图。

任务二　测量技术

任务目标

【知识目标】

(1)明确钳工常用量具种类及作用。

(2)明确钳工加工中常见的测量项目类型。

【能力目标】

(1)学会正确选用测尺量具(游标卡尺、千分尺)进行测尺寸、对尺寸。

(2)正确选用量具进行各类形状公差项目的测量。

(3)正确选用量具进行各种位置公差项目的测量。

(4)学会测表面粗糙度。

【思政目标】

(1)培养学生爱护公物的美德。

(2)树立质量意识。

任务准备

(1)钳工基本技能训练任务书、U形板作业图、钳工常用各类量具、被测工件、教材、课件、视频等资源。

(2)给每名学生发放一块已经加工完成的U形板,学生按照图2-1作业图标注的各项要求,对其进行质量检测。

任务导学

(1)用什么设备检测工件的质量?

(2)以U形板为例,若要分析单个工件的质量是否合格,需要检测哪些项目?

(3)什么是量具?如何分类?其特点及适用情况如何?

(4)钳工加工中常见哪些测量项目类型?

(5)你了解的测尺量具有哪些?它们有什么用途?

(6)你认识游标卡尺吗?它有哪些种类?你了解常用普通三用游标卡尺的结构、刻线原理、读数方法吗?会正确使用游标卡尺测尺寸、对尺寸吗?

(7)你认识千分尺、百分表、万能游标角度尺吗?了解它们的结构、刻线原理、读数方法、用途及正确操作使用方法吗?

(8)常见的形状精度测量项目有哪些?如何检测?

（9）常见的位置精度测量项目有哪些？如何检测？

（10）如何检测工件的表面粗糙度？

（11）使用量具时应该注意哪些问题？

 知识链接

请辨认图 2-2 所示的各类量具。

（a）三用卡尺　　　　　　　　　　　　　　　　　　（b）千分尺

（c）万能游标角度尺　　　（d）百分表　　　（e）塞尺　　　（f）R 规

（g）刀口平尺示意图　　　　　（h）直角尺　　　　　（i）塞规

（j）量块　　　　　　　　　　　　　（k）卡规

图 2-2　各类量具展示

一、量具概念及类型

为了保证零件和产品的质量，必须用量具进行质量检查。用来测量、检验零件和产品尺寸、形状等的工具称为量具或量仪。量具的种类有很多，根据其用途和特点的不同，可分为万能量具、专用量具和标准量具三种类型。

（1）万能量具：能对多种零件的尺寸、角度等精度要求进行测量的量具。其特点是有刻度，能测出具体数值。万能量具包括游标卡尺、千分尺、百分表、万能游标角度尺等。它适用于测量单件和小批量生产的零件或产品。

（2）专用量具：专门为测量零件或产品的某一形状或尺寸是否合格而制造的量具。其特点是无刻度，不能测出具体数值，只能测量被测对象是否合格。专用量具包括塞规、卡规等。它适用于测量大批量生产的零件或产品。

（3）标准量具：被制成某一固定尺寸，用来校对和调整其他量具的量具，可用于量具或精密零件的检测。其特点是精度高。标准量具包括量块等。

二、钳工加工中常见测量项目类型

（1）尺寸测量。

（2）形状测量。包括：直线度（－）、平面度（▱）、圆度（○）、圆柱度（⌀）、线轮廓度（⌒）和面轮廓度（⌓）等。

（3）位置精度测量。包括：垂直度（⊥）、平行度（∥）、倾斜度（∠）、对称度（＝）、位置度（⌖）、同轴度（◎）、圆跳动（↗）和全跳动（↙）等。

（4）表面粗糙度测量。

根据U形板图样（见图2-3）所给的条件和各项要求，在加工过程中和加工后，要求正确选用测量工具对零件的质量进行检测，包括尺寸测量、形状测量、位置精度测量和表面粗糙度测量等。

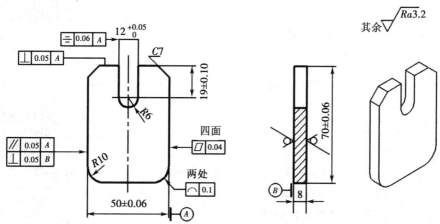

技术要求：倒钝锐边。

图2-3 U形板图样

三、测尺量具及使用

测尺量具主要有钢板尺(粗测)、游标卡尺(中等精度,分度值有 0.02,0.05,0.10 mm三种,常用0.02 mm)、千分尺(精密测量)。

(一)游标卡尺

下面以普通三用游标卡尺为例进行讲解。

1. 普通三用游标卡尺的外观结构(图2-4)

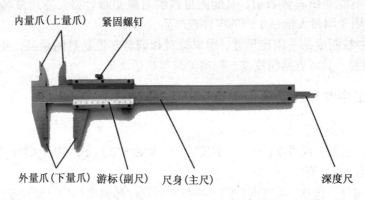

内量爪(上量爪)　紧固螺钉

外量爪(下量爪)　游标(副尺)　尺身(主尺)　深度尺

图2-4　普通三用游标卡尺的外观结构

2. 游标卡尺的刻线原理(以分度值0.02 mm 为例)

(1)尺身1小格为1 mm。

(2)游标始末刻线间均匀刻有50个小格,正对尺身49小格,可推出游标1小格为0.98 mm,即49毫米/50格。

(3)尺身1小格−游标1小格=1 mm−0.98 mm=0.02 mm。

游标卡尺的结构

游标卡尺的
刻线原理

3. 游标卡尺的读数方法

(1)读毫米整数(游标"0"刻线以左,尺身有多少整小格数,就是多少毫米整数)。

(2)读毫米小数。

① 找 "对齐" 刻线。

② 数游标"0"刻线到"对齐"刻线之间的小格数 n。

③ 计算:毫米小数=分度值×n。

(3)毫米整数+毫米小数=测量值。

游标卡尺的
读数方法

4. 正确使用游标卡尺测尺寸

游标卡尺的正确使用

（1）清洁（用干净柔软的擦拭布）。

（2）校零。

① 若游标上的"0"刻线与主尺的"0"刻线对齐，则表明可以使用。

② 若游标上的"0"刻线与主尺的"0"刻线没有对齐，则找修正值 Δ。（想一想这是为什么？如何找？）

（3）正确操作。游标卡尺操作示意图如图 2-5 所示。

正确操作

错误操作

错误操作

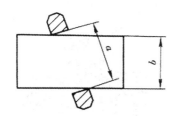

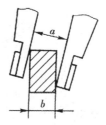

错误操作示意图

（a）用游标卡尺测外尺寸

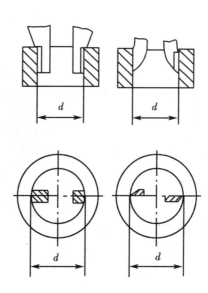

正确操作

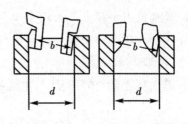

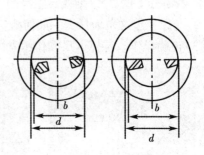

错误操作

（b）用游标卡尺测内尺寸

正确操作　　　　　　　　　错误操作

（c）用游标卡尺测深度

图 2-5　游标卡尺操作示意图

（4）正确读数，如图 2-6 所示。

5. 正确使用游标卡尺对尺寸

（1）清洁。

（2）校零。

（3）对毫米整数。

（4）对毫米小数。

（5）校对。

以上重点学习了游标卡尺的结构、刻线原理、读数方法及正确使用方法。学习时，需要分组进行考核、逐人过关、记录成绩。

注：①毫米整数：60 mm；
　　②毫米小数：0.02 mm × 24=0.48 mm；
　　（游标尺数字4后边的第四条刻线与主尺刻线对齐，所以游标"0"刻线到对齐刻线间的小格数 n=24。）
　　③测量值：60 mm+0.48 mm=60.48 mm。

图 2-6　游标卡尺读数方法示意图

(二)千分尺

1. 千分尺的种类及规格

(1)种类(见图2-7):外径千分尺、公法线千分尺、数显千分尺。

(a)外径千分尺:测量外径与形位误差　　　　(b)公法线千分尺:测量外啮合齿轮的公法线长度

(c)数显千分尺:测量外径与形位误差,读数方便

图2-7　不同种类的千分尺

(2)规格(外径千分尺):0~25 mm,25~50 mm,50~75 mm,75~100 mm。

2. 千分尺的结构

下面以外径千分尺为例,对千分尺的结构进行讲解。其结构如图2-8所示。

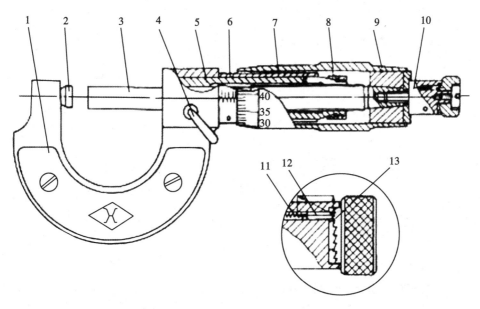

图2-8　外径千分尺的结构图

1—尺架;2—砧座;3—测微螺杆;4—手柄;5—螺纹套;

6—固定套筒;7—微分筒;8—螺母;9—接头;10—测力装置;

11—弹簧;12—棘轮爪;13—棘轮

3. 千分尺的刻线原理

(1)固定套管刻线。

① 有一条水平基准线(见图2-9),基准线上方每格为1 mm。

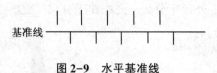

基准线

图2-9　水平基准线

② 基准线下方每格为1 mm,且每条刻线均平分上方两刻线。

③ 固定套管上每相邻两刻线轴向长为0.5 mm。

(2)微分筒。

① 测微螺杆螺距为0.5 mm,微分筒转一周,测微螺杆轴向移动0.5 mm。

② 圆锥面一周平分为50格。

③ 微分筒周向转一格,测微螺杆轴向移动0.01 mm(即0.5毫米/50格)。

因此,千分尺的测量精度为0.01 mm。

4. 外径千分尺的读数方法

(1)读毫米整数及半毫米数。

(2)读不足半毫米数。

(3)测量值为步骤(1)(2)的读数和。

外径千分尺读数方法如图2-10所示。

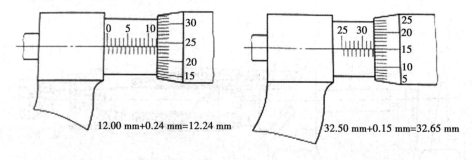

12.00 mm+0.24 mm=12.24 mm　　　　32.50 mm+0.15 mm=32.65 mm

(a)0~25 mm外径千分尺　　　　　　(b)25~50 mm外径千分尺

图2-10　外径千分尺读数方法示意图

5. 正确使用千分尺测尺寸

(1)清洁。

(2)校零。

(3)正确操作千分尺,如图2-11所示。

(4)正确读数。

（a）单手操作　　　　　（b）双手操作

图 2-11　千分尺的使用方法

（三）万能游标角度尺

万能游标角度尺是用来测内、外角度的量具，有 2′和 5′两种精度，可测 0°～320°。

1. 万能游标角度尺的外观结构（图 2-12）

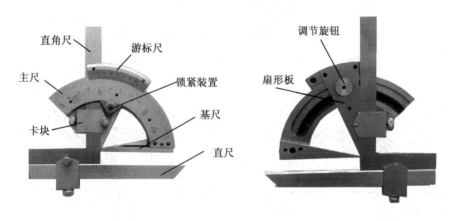

（a）正面图　　　　　（b）背面图

图 2-12　万能游标角度尺的外观结构

2. 万能游标角度尺的刻线原理（以 2′为例）

（1）尺身每格 1°。

（2）游标共 29°，平分为 30 格，即每格 58′。

（3）尺身 1 格-游标 1 格 =1°-58′=2′。

因此，其测量精度为 2′。

3. 万能游标角度尺的读数方法

万能游标角度尺的示值读取方法如图 2-13 所示。

（1）在尺身上读游标"0"刻线前的整度数。

（2）读"′"的数值，具体读法如下。

① 找"对齐"刻线。

② 查"0"至"对齐"刻线间的小格数 n。

③ 分度值×n="′"的数值。

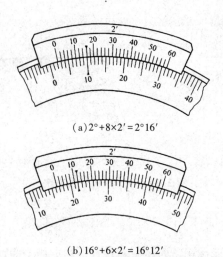

(a) 2°+8×2′=2°16′

(b) 16°+6×2′=16°12′

图 2-13　万能游标角度尺的示值读取方法

(3)测量值为步骤(1)(2)的读数和。

4. 万能游标角度尺测量不同范围角度的操作方法(图 2-14)

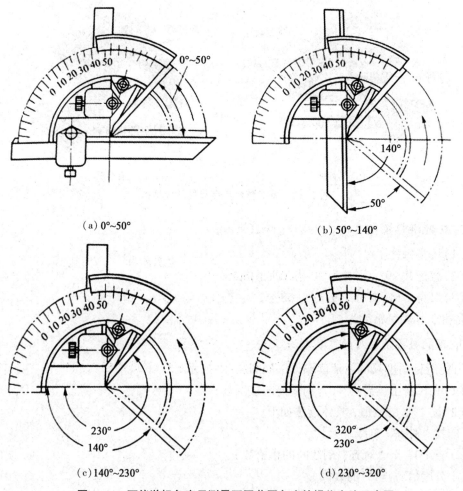

(a) 0°~50°

(b) 50°~140°

(c) 140°~230°

(d) 230°~320°

图 2-14　万能游标角度尺测量不同范围角度的操作方法示意图

5. 正确使用万能游标角度尺测角度

（1）清洁。

（2）校零。

（3）正确操作万能游标角度尺。

（4）正确读数。

（四）百分表

百分表是指示式量仪，其精度为 0.01 mm。

1. 百分表的外观结构（图 2-15）

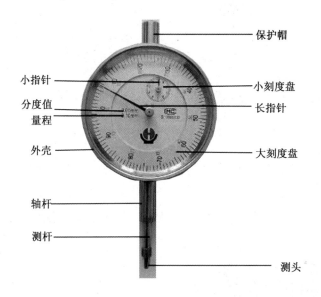

图 2-15　百分表的外观结构图

2. 百分表的刻线原理

百分表的结构如图 2-16 所示，百分表的刻线原理具体如下。

（1）齿杆齿距为 0.625 mm，其上升 16 齿时，升高高度为 10 mm（0.625×16）。与其啮合的 16 齿小齿轮 3 正好转一周。

（2）与 16 齿小齿轮同轴的大齿轮、长指针正好也转一周，中间小齿轮在大齿轮的带动下转 10 周。

（3）推知：当齿杆上升 1 mm 时，长指针转一周，表盘周向平分 100 格；长指针每转 1 格，齿杆移动 0.01 mm，故百分表测量精度为 0.01 mm。

3. 百分表的读数方法

（1）读毫米整数。

（2）读毫米小数。

（3）测量值为步骤（1）（2）的读数和。

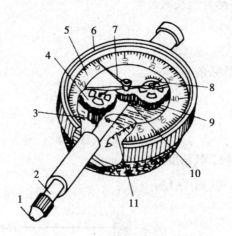

图 2-16　百分表的结构示意图

1—测头；2—测杆；3—小齿轮($z=16$)；

4，9—大齿轮($z=100$)；5—度盘；6—表圈；7—长指针；

8—转数指针；10—小齿轮($z=10$)；11—拉簧

4. 正确使用百分表。

(1)清洁。

(2)校零。

(3)将百分表正确安装在表架或专门夹具上，如图 2-17 所示。

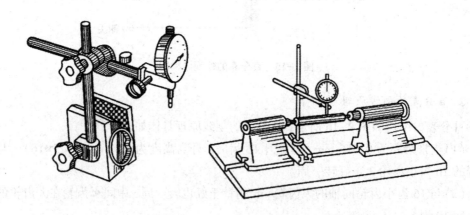

(a)在磁性表座上安装　　　　　　　　(b)在专门检验工具上安装

图 2-17　百分表的安装方法

(4)正确操作百分表，如图 2-18 所示。

(5)正确读数。

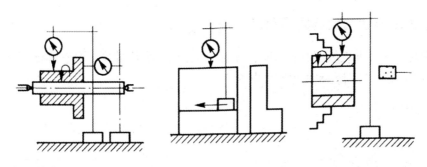

（a）测量误差　　　　　　　　　（b）测量工件装夹位置偏差

图 2-18　百分表的使用

（五）塞尺

塞尺是测量两接合面之间间隙的片状量规，其规格有 50，100，200 mm 等多种。

1. 塞尺的结构

塞尺外形见图 2-19。它有两个平行的测量面，由若干个不同厚度的薄片组成，这些薄片可叠加在一起装在夹板里。

图 2-19　塞尺外形图

2. 塞尺的正确操作方法

使用塞尺时，应根据测量间隙的大小来选择塞尺的片数，可用一片或数片重叠起来插入间隙内。由于塞尺片很薄，且易弯曲变形，甚至折断，所以插入时要注意不能用力太大。使用完毕后，应将塞尺擦拭干净，并及时叠加在一起并装入夹板内。

3. 测量结果

塞尺的测量结果为塞入的最大厚度。

4. 注意事项

清洁、涂油后装入夹板内。

四、钳工形状精度测量项目及测法

形状精度项目有直线度、平面度、圆度、圆柱度、线轮廓度、面轮廓度测量等。下面仅介绍直线度、平面度和线轮廓度测量。

(一)直线度测量

(1)工具：刀口平尺。
(2)方法：透光法(常用)、塞尺塞入法。

(二)平面度测量

(1)工具：刀口平尺。
(2)方法：透光法(常用)、塞尺塞入法。

用刀口平尺测直线度、平面度的方法如图2-20所示。

平面度检测方法

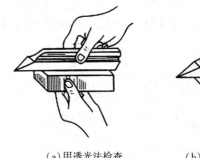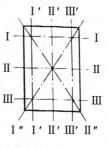

(a)用透光法检查　　(b)用塞尺配合检查　　(c)测量不同位置

图2-20　用刀口平尺测直线度、平面度的方法

(三)线轮廓度测量

方法1：扣合观察法。按照1:1比例精确绘制工件图片，将待测工件与工件图片扣合观察。该方法适用于粗测。

方法2：用样板(测圆弧时用R规)检测，如图2-21所示。常用透光法，欲测误差具体数值时用塞尺塞入法。

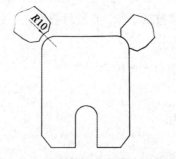

图2-21　用样板测曲面的线轮廓度

圆弧线轮廓度的检测

五、位置精度测量项目及测法

位置精度测量项目有垂直度、平行度、倾斜度、对称度、位置度、同轴度、圆跳动、全跳动测量等。以下仅介绍垂直度、平行度、对称度测量。

（一）垂直度测量

（1）工具：直角尺（常用）、万能角度尺（精测）。
（2）方法：透光法（常用）、塞尺塞入法。

用直角尺测垂直度误差如图2-22所示。

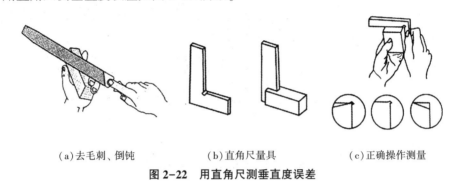

（a）去毛刺、倒钝　　　（b）直角尺量具　　　（c）正确操作测量

图2-22　用直角尺测垂直度误差

（二）平行度测量

（1）卡钳：用透光法或重力感觉法（适用毛坯件的粗测）测平行度，如图2-23所示。

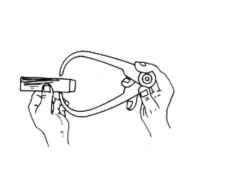

（a）透光法　　　　　　　　　　（b）重力感觉法

图2-23　用卡钳测平行度

（2）直角尺：直接测垂直度，间接控制平行度。
（3）游标卡尺：用于小面积、小尺寸工件测量。用游标卡尺测平行度如图2-24所示。
（4）百分表：用于精密测量。用百分表测平行度如图2-25所示。

图 2-24　用游标卡尺测平行度

图 2-25　用百分表测平行度

(三)对称度测量

(1)工具:游标卡尺。

(2)方法:测量两个有对称度要求的实体尺寸,分别记为 A 和 B(见图 2-26),对称度误差为 $\Delta = |A-B|/2$。若对称度误差不超过公差,则对称度符合要求。

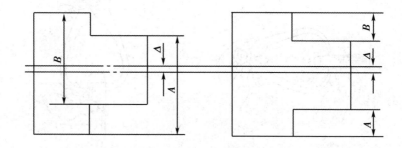

图 2-26　对称度测量

六、表面粗糙度测量

表面粗糙度测量方法:用表面粗糙度样块比对、目测。

七、使用量具时的注意事项

（1）正确选用类型、规格适合的量具。

（2）使用前做好清洁、校零工作。

（3）被测对象需去毛刺、倒钝。

（4）平时与使用时，都应做好维护保养，不沾水，不与工件、工具混放，应放在专用量具盒中。

（5）严禁在运动工件或温度较高的工件上进行测量，以防损伤量具精度和影响测量精度。

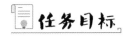**任务思考**

（1）测尺量具有哪些？它们的测量精度如何？常用哪种量具？

（2）叙述 0.02 mm 精度三用游标卡尺的刻线原理和读数方法。

（3）叙述正确使用游标卡尺测尺寸的方法和步骤。

（4）叙述正确使用游标卡尺对尺寸的方法和步骤。

（5）形状精度测量项目有哪些？如何测量直线度、平面度和线轮廓度？

（6）位置精度测量项目有哪些？如何测量垂直度、平行度和对称度？

（7）使用量具时应注意哪些事项？

任务三　锉削基础——锉平面

任务目标

【知识目标】

(1)认识锉削技术，了解锉削应用场合。

(2)明确锉削工具常识，即锉刀结构、种类、适用及选用原则。

(3)掌握锉平面方法及技术要领，掌握锉平面质量的检测方法。

(4)了解锉削时的注意事项。

【能力目标】

(1)能根据锉削要求正确选用锉刀类型。

(2)会根据不同需求正确运用锉平面方法。

(3)能根据锉削技术要领进行正确操作。

(4)会对锉削质量进行正确检测。

(5)做到安全文明操作。

【思政目标】

培养学生团结协作、做事精益求精的良好品质和安全文明的行为习惯。

任务准备

(1) 教材、锉削技术操作视频等资源。

(2) 钳工实训设备，材料，工、量、刃具。

(3) 读懂项目任务书1：锉出长方的两个划线基准。

锉削概述

① 备料：60 mm×71 mm×8 mm 长方板料一块；材料用 45#钢或 Q235。

② 粗、精锉长方划线用的长基准 A、短基准 C，以达到精度要求。

板料锉长方作业图如图 2-27 所示。

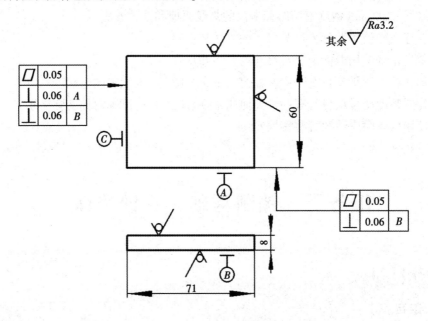

图 2-27　锉长方 A , C 基准作业图

任务导学

(1) 读懂作业图，明确任务。

(2) 选择方法，制订计划。

(3) 自己备料，确定所需设备及工、量、刃具。

(4) 什么情况下需要锉削加工？了解锉刀制作材料、组成结构、锉齿、锉纹、种类、规格及选用、保养等常识吗？

(5) 你会进行平面锉削吗？平面锉削有哪些技术要领？锉平面的方法有几种？适用情况如何？

（6）锉平面时有何要求？需要进行质量检测吗？

知识链接

锉削基础

一、锉削概念及应用

（一）概念

锉削是用锉刀对工件表面进行切削加工的方法。其精度可达 0.01 mm，表面粗糙度（Ra）可达 0.8 μm。

（二）应用

锉削应用广泛，可用于锉平面、曲面、内外表面、沟槽、配键等。

二、锉刀

（一）材料

锉刀的材料有 T12，T13 或 T12A，T13A，经过热处理淬硬，材料硬度大于 62 HRC。

（二）组成结构

以板锉为例，锉刀各部分名称如图 2-28 所示。

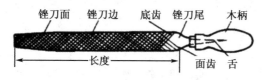

图 2-28　锉刀各部分名称

（三）锉齿

锉齿有无数个，每个齿相当于一把錾子。

（四）锉纹

锉纹有单齿纹和双齿纹两种，如图 2-29 所示。

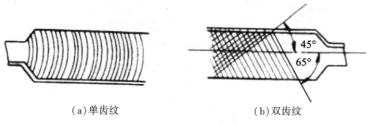

（a）单齿纹　　　　　　（b）双齿纹

图 2-29　锉刀的齿纹

（1）单齿纹：锉刀上只有一个方向的齿纹，常用于锉削软材料，如铜、铝等。

（2）双齿纹：锉刀上有两个方向排列的齿纹，用于硬材料的锉削。

（五）种类

（1）普通钳工锉（图2-30）：主要用于普通形面的锉削加工。

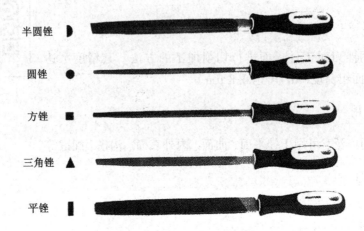

半圆锉

圆锉

方锉

三角锉

平锉

图2-30　普通钳工锉

（2）异形锉（图2-31）：主要用于锉削工件上特殊的表面。

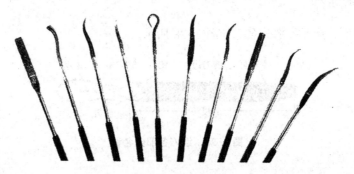

图2-31　异形锉

（3）整形锉（图2-32）：主要用于修整工件细小部分的表面。

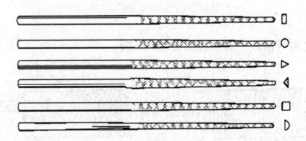

图2-32　整形锉

（六）规格及选用

1. 尺寸规格

（1）圆锉、方锉：用断面尺寸（直径、边长乘边长）表示。

（2）其他锉刀：用有效长度表示。常用的规格有100，150，200，250，300，350 mm等几种。

2. 粗细规格

粗细规格以锉刀每10 mm轴向长度内主锉纹的条数表示。普通钳工锉刀的粗细规格如表2-1所列。

表2-1　普通钳工锉刀的粗细规格（与尺寸规格对应的锉纹参数）

序号	长度(L)规格/mm	锉纹号				
		1号纹(粗锉)	2号纹(中粗锉)	3号纹(细锉)	4号纹(双细锉)	5号纹(油光锉)
		粗锉		中锉		细锉
1	100	14	20	28	40	56
2	125	12	18	25	36	50
3	150	11	16	22	32	45
4	200	10	14	20	28	40
5	250	9	12	18	25	36
6	300	8	11	16	22	32
7	350	7	10	14	20	
8	400	6	9	12		
9	450	5.5	8	11		

3. 选用原则

综合考虑工件的表面形状、尺寸大小、硬度、加工余量、精度要求及表面粗糙度等因素，选用合适的锉刀。

（1）根据工件的形状，选择锉刀的形状，如图2-33所示。

（2）根据工件加工面尺寸大小，选择锉刀的尺寸规格。

（3）根据工件材料的软硬、余量大小、精度高低及表面粗糙度，选择锉刀的粗细规格（见表2-2）。

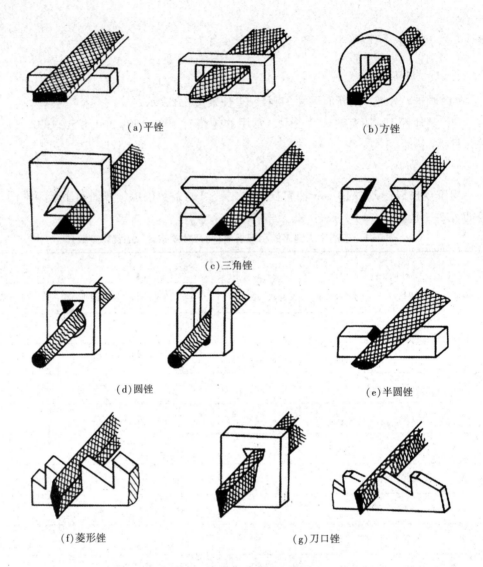

(a)平锉　　　　　　　　　　　　　　(b)方锉

(c)三角锉

(d)圆锉　　　　　　　　　　　　　　(e)半圆锉

(f)菱形锉　　　　　　　　　(g)刀口锉

图 2-33　不同加工表面使用的锉刀

表 2-2　锉刀粗细规格的选用

粗细规格	适用场合		
	锉削余量/mm	尺寸精度/mm	表面粗糙度(Ra)/μm
1 号（粗齿锉刀）	0.5~1.0	0.20~0.50	100~25
2 号（中齿锉刀）	0.2~0.5	0.05~0.30	25.0~6.3
3 号（细齿锉刀）	0.1~0.2	0.02~0.05	12.5~3.2
4 号（双细齿锉刀）	0.1~0.2	0.01~0.02	6.3~1.6
5 号（油光锉）	<0.1	0.01	1.6~0.8

（七）保养

(1)普通锉刀使用时必须安装手柄。

(2)不准用锉刀锉淬硬材料。

(3)有硬皮或砂粒的铸件、锻件，要用砂轮磨掉硬皮或砂粒后，才可以用半锋利的锉刀或旧锉刀锉削。

(4)锉刀要先使用一面，磨钝后再用另一面。

(5)不得用手摸刚锉过的表面，以免刺伤手和再锉时打滑。

(6)锉刀不可重叠或与其他工具堆放。

(7)锉屑堵塞的锉刀，要用铜丝刷将锉屑顺着纹路刷去。

三、锉削技能

（一）锉刀握法

以板锉握法为例，它可以分为较大锉刀的握法和小锉刀的握法。

(1)较大锉刀的握法如图 2-34 所示。

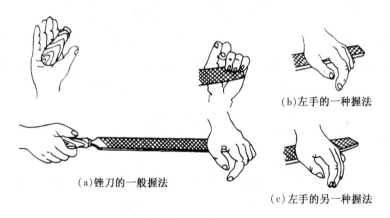

(b)左手的一种握法

(a)锉刀的一般握法

(c)左手的另一种握法

图 2-34　较大锉刀的握法

(2)小锉刀的握法如图 2-35 所示。

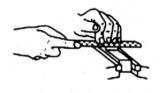

（a)小锉刀及整形锉刀的握法　　　　（b)异形锉刀的握法

图 2-35　小锉刀的握法

（二）锉削姿势

1. 站立步位

锉削时的站立位置如图 2-36 所示。

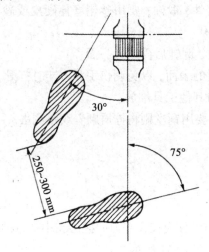

锉削-工件的装夹

图 2-36　锉削时的站立位置

2. 动作要领

锉削时，身体重心落在左脚上，右膝伸直，左膝随锉削的往复运动而屈伸。在锉刀向前锉削的动作过程中，身体和手臂的运动情况如图 2-37 所示。

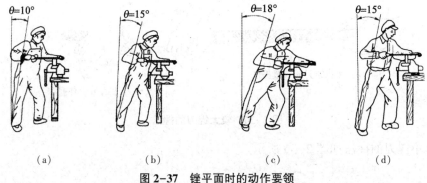

（a）　　　　　　（b）　　　　　　（c）　　　　　　（d）

图 2-37　锉平面时的动作要领

开始锉削时，身体向前倾斜 10°左右，右肘尽量向后收缩；锉最初 1/3 行程时，身体前倾到 15°左右，左膝稍有弯曲；锉至 2/3 行程时，右肘向前推进锉刀，身体逐渐倾斜到 18°左右；锉最后 1/3 行程时，右肘继续推进锉刀，身体则随着锉削时的反作用力自然地退回到 15°左右；锉削行程结束后，手和身体都恢复到原来姿势，同时将锉刀略提起退回。

3. 锉削力和锉削速度的控制

要锉出平直的平面，必须使锉刀保持做水平直线的锉削运动。这就要求锉刀运动到工件加工表面的任意位置时，锉刀前后两端的力矩相等。为此，锉削前进时，左手所加压力逐渐由大减小，而右手的压力逐渐由小增大，如图 2-38 所示。回程时不加压力，以减少锉齿的磨损。

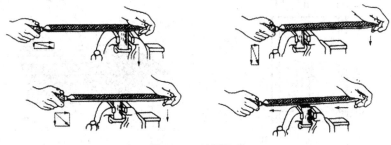

图 2-38　锉削姿势

锉削速度一般控制在 40 次/分钟以内，推出时稍慢，回程时稍快，动作应协调自如。

（三）锉平面方法

1. 交叉锉

交叉锉适宜粗锉，如图 2-39 所示。

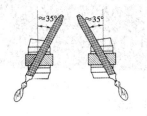
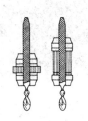

图 2-39　交叉锉　　　　**图 2-40　顺向锉**

锉平面

2. 顺向锉

顺向锉用于细锉，如图 2-40 所示。

3. 推锉

推锉用于狭长平面、修整尺寸和锉纹及修表面粗糙度，如图 2-41 所示。

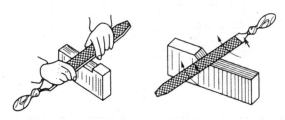

图 2-41　推锉

（四）对被锉平面的质量检测

（1）直线度：常用"刀口平尺+透光法"进行检测。

（2）平面度：常用"刀口平尺+透光法"进行检测，检测示意图如图 2-42 所示。要测出具体平面度误差数值，可以用"刀口平尺+塞尺塞入法"，如图 2-20(b)所示。

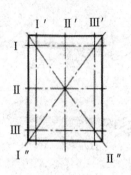

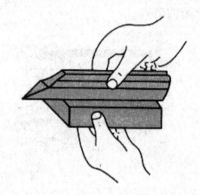

（a）检查测量（8 处）　　　　　　（b）透光均匀（理想）

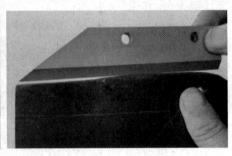

（c）中凹　　　　　　　　　　　（d）中凸

图 2-42　平面度检测示意图

锉平面评分如表 2-3 所列。

表 2-3　锉平面评分表

制作者姓名	长基准 A			短基准 C				动作要领 (3分)	安全文明生产 (4分)	总分 (40分)
	□ (5分)	⊥$_{A与B}$ (5分)	Ra3.2 (4分)	□ (5分)	⊥$_{C与A}$ (5分)	⊥$_{C与B}$ (5分)	Ra3.2 (4分)			
学生测评										
教师测评										

备注：

任务思考

（1）什么情况下会用到锉削技术？

（2）叙述锉刀制作材料、组成结构、锉齿、锉纹、种类、规格及选用、保养等常识。

(3)叙述锉削技术要点及锉平面方法。

任务四   划线

 **任务目标**

【知识目标】

(1)明确划线的概念、分类、作用及要求。

(2)认识划线工具种类及用途。

【能力目标】

(1)会识图,能正确使用平板、方箱、高度尺配合划平行或垂直线条。

(2)能正确使用划线工具进行一般工件的划线。

(3)划线操作应保证线条清晰且粗细均匀,尺寸误差不大于±0.3 mm。

【思政目标】

使学生养成严谨认真、一丝不苟的工作作风。

任务准备

(1)教材,平板、方箱、高度尺等划线工具,课件、视频等资源。

(2)观看钳工划线操作视频,建立对钳工划线技能的感性认识。

(3)读懂项目任务书 2:

① 用平板、方箱、高度尺配合,在已经加工好两个基准的 8 mm 厚板料上划出 70 mm×50 mm 长方加工线条,如图 2-43(a)所示;

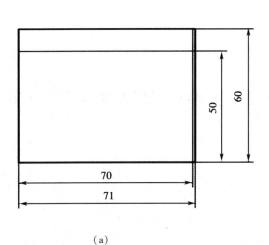

(a)

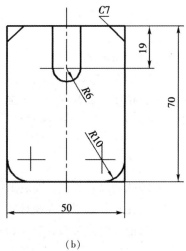

(b)

图 2-43   划线作业图

② 在 70 mm×50 mm×8 mm 长方体板料上划出 U 形板的外轮廓线条，以便为后续加工提供加工界线，如图 2-43(b)所示。

任务导学

(1)划线的定义是什么？划线分为几类？作用是什么？应该满足哪些要求？

(2)你认识哪些划线工具？它们有什么用途？如何正确使用这些工具？

(3)如何正确使用平板、方箱、高度尺划平行或垂直线条？

知识链接

一、划线简介

(一)概念

划线是根据图样要求，在毛坯或工件上用划线工具划出待加工部位的轮廓线或作为基准的点、线的操作过程。划线是机械加工的重要工序之一，被广泛应用于单件、小批量生产中。

(二)分类

划线分为平面划线和立体划线两种。

1. 平面划线

只需要在工件的一个表面上划线，即能明确标示出加工界线的，称为平面划线。

2. 立体划线

需要在工件几个不同方向的表面上同时划线，才能明确标示出加工界线的，称为立体划线。

(三)要求

(1)线条清晰均匀。

(2)定形、定位尺寸准确。

(3)精度一般为 0.25~0.50 mm。注意：因为划线有误差，所以在加工过程中，必须通过测量来保证尺寸的精度。

(四)作用

(1)明确尺寸界线，确定工件的加工余量。

(2)便于复杂工件在机床上装夹找正。

(3)能及时发现和处理不合格的毛坯。

(4)采用借料划线可以补救误差不大的毛坯。

（五）划线基准

基准是用来确定加工对象上几何要素的几何关系所依据的点、线、面。平面划线有两条基准，立体划线有三条基准。一般基准是相互垂直的。设计图样时采用的基准称设计基准，划线时采用的基准称划线基准。

（六）划线基准的类型

根据工件形状的不同，划线基准有以下三种形式。
(1)以两个相互垂直的平面(或直线)为基准，如图2-44(a)所示基准 A，B。
(2)以两条互相垂直的中心线为基准，如图2-44(b)所示基准 C，D。
(3)以一个平面和一条中心线为基准，如图2-44(c)所示基准 E，F。

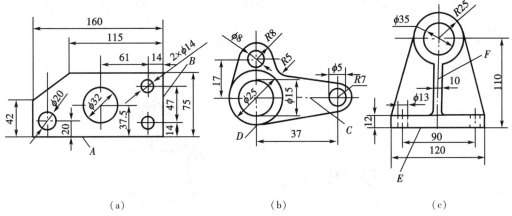

| (a) | (b) | (c) |

图 2-44　划线基准的类型

在划线时，划线基准应与设计基准一致。

二、划线设备及工具

（一）划线平台

1. 划线平台的规格及功用

划线平台(如图2-45所示)又称划线平板，主要由铸铁制成，其工作表面经过刮制加工，用作划线时的基准平面。铸铁划线平台的规格有200 mm×300 mm，300 mm×400 mm，400 mm×400 mm，400 mm×500 mm，4000 mm×10000 mm等尺寸，其质量等级分为0级、1级、2级、3级。划线平台一般用木架搁置。

划线平台还用于各种检验工作，如精密测

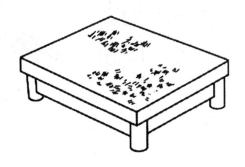

图 2-45　划线平台

量用的基准平面，各种机床、机械的检验测量，零件尺寸精度、几何偏差的检查，等等。它是划线、测量、铆焊、工装工艺不可缺少的工作台。

2. 划线平台的操作规范

(1)放置划线平台时，应使其工作表面处于水平状态。

(2)划线平台的工作表面应保持清洁。

(3)工件和工具在划线平台上应轻拿轻放，不可损伤其工作表面。

(4)不可在划线平台上进行敲击作业。

(5)划线平台用完后要擦拭干净，并涂上机油防锈。

(二)划线方箱

划线方箱是用铸铁制成的空心长方体或立方体，其六个面都经过精加工，相邻的各面互相垂直，相对的面互相平行，如图 2-46 所示。使用时，通过配套的压紧螺栓可将工件固定在方箱上，翻转方箱，可依次划出工件上互相垂直的线条。方箱上的 V 形槽主要用来安装轴、盘、套筒等形状的零件，如图 2-47 所示。

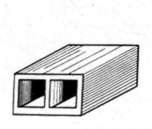
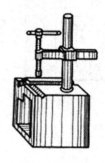

(a)矩形普通方箱　　　　　(b)带夹持装置方箱

图 2-46　划线方箱

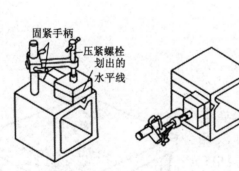
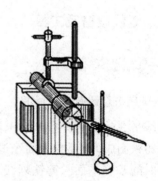

图 2-47　划线方箱的使用

（三）高度尺

1. 高度尺的结构及功用

普通高度尺［图2-48(a)］由钢直尺和底座组成，用来给划线盘量取高度尺寸。

游标高度尺［图2-48(b)］又称划线高度尺，由尺身、游标、划针脚和底盘组成。它能直接表示出高度尺寸，读数精度一般为0.02 mm，一般作为精密划线工具使用，常用于在半成品上划线。

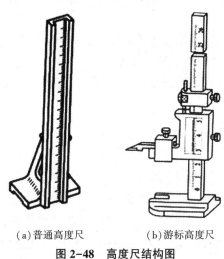

(a)普通高度尺　　　　(b)游标高度尺

图 2-48　高度尺结构图

2. 游标高度尺的操作规范

(1)游标高度尺作为精密的划线工具，不得用于粗糙毛坯表面的划线。

(2)划线时，划线脚的爪尖指向应与划线线条保持30°左右的夹角。

(3)用完以后，应将游标高度尺擦拭干净，涂油装盒保存。

（四）划线盘

1. 划线盘的结构及功用

划线盘用于在划线平台上对工件进行划线，或者找正工件在平台上的正确安放位置，其结构如图2-49所示。其中，划针的直头端用于划线，弯头端用于工件安放位置的找正。

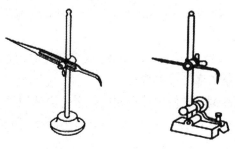

图 2-49　划线盘结构图

2. 划线盘的操作规范

（1）用划线盘划线时，划针应尽可能处于水平位置，不要倾斜太大，以免引起划线误差。

（2）划针伸出部分应尽量短一些，并夹紧牢固，以免划线时因产生振动和尺寸变动而影响划线精度。

（3）划线盘在移动时，底座底面始终要与划线平台平面贴紧，无摇晃或跳动。划针与工件划线表面之间沿划线方向要保持45°～60°的夹角，以减小划线阻力和防止针尖扎入工件表面。

（4）划较长的直线时，应采用分段连接划法，以对各段的首尾做校对检查，避免因划针的弹性变形和本身移动而造成划线误差。

（5）划线盘用完后，要使划针置于直立状态，以保证安全并减小其所占空间。

（五）划针

1. 划针的结构及功用

划针由碳素工具钢制成，分为直划针和弯划针两种，如图2-50所示。其直径一般为3～5 mm，长度为200～300 mm；尖端磨成15°～20°的尖角，并经淬火处理以提高硬度，使之不易变钝和磨损，有的划针在尖端部位焊有硬质合金，耐磨性更好。划针是直接划线工具，可以在工件上划线条，常与钢直尺、样板或曲线板配合使用。

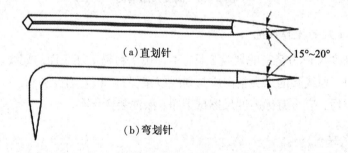

（a）直划针

15°～20°

（b）弯划针

图2-50 划针

2. 划针的操作规范

（1）在使用钢直尺和划针划连接两点的直线时，针尖要紧靠导向工具的边缘，并压紧导向工具。

线段的划法

（2）划线时，划针向划线方向倾斜45°～75°，上部向外侧倾斜15°～20°，如图2-51所示。

（3）针尖要保持尖锐，划线要尽量一次划成，线条宽度应为0.1～0.15 mm，应使划出的线条既清晰又准确。

（4）当对铸铁毛坯划线时，应使用焊有硬质合金针尖的划针，以减少磨损和变钝。

（5）不使用时，划针不能插在衣袋中，最好套上塑料管，避免针尖露出伤人。

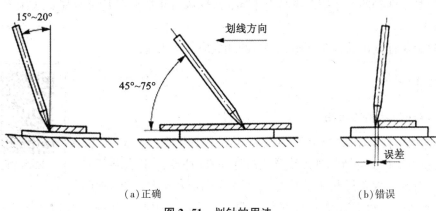

(a)正确   (b)错误

图 2-51　划针的用法

(六)划规

1. 划规的结构及功用

划规既是用来划圆和圆弧、等分线段、量取尺寸的工具, 也是用来确定轴及孔的中心位置、划平行线的基本工具, 如图 2-52 所示。划规的种类如图 2-53 所示。

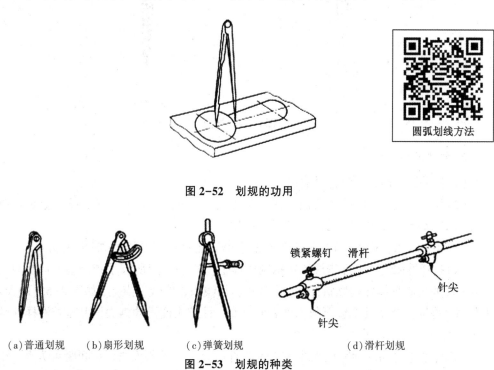

图 2-52　划规的功用

(a)普通划规   (b)扇形划规   (c)弹簧划规   (d)滑杆划规

图 2-53　划规的种类

2. 划规的操作规范

(1)用划规划圆时, 对作为旋转中心的一脚应施加较大的压力, 对另一脚施加较小的压力, 并用其在工件表面划线。

（2）划规两脚的长短应磨得稍有不同，且两脚合拢时脚尖应能靠紧，这样才能划出较小的圆。

（3）为保证划出的线条清晰，划规的脚尖应保持尖锐。

（七）样冲

1. 样冲的结构及功用

样冲用工具钢制成并经淬火处理，其结构如图 2-54（a）所示。

敲样冲眼步骤

样冲主要用于在工件所划加工线条上打样冲眼（冲点），以免因工件在搬运、装夹、放置过程中使所划的线变模糊而影响后续的加工。在划圆或钻孔前也要在圆心处打样冲眼，以便定位中心。样冲的实物如图 2-54（b）所示。

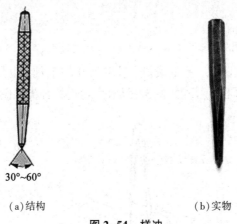

30°~60°

(a)结构　　　　　　　　　　(b)实物

图 2-54　样冲

2. 样冲的操作规范

（1）样冲刃磨时，应防止过热退火。

（2）使用手锤前，应检查锤柄与锤头是否松动、锤柄是否有裂纹、锤头上是否有卷边或毛刺，如有以上缺陷，必须修好后再使用。

（3）手、锤柄、锤面、样冲及其头部都不得沾有油污，以防锤击时滑脱伤人。

（4）打样冲眼时，工件应放置在钢制底座上。样冲应用所有手指握住，且手与工件接触；样冲稍向身体外侧倾斜，冲尖应对正所划线条正中或交点上，如图 2-55（a）所示；击打时，将样冲对正且调整至与工件表面垂直，目光注视样冲锥尖，用锤子沿样冲轴线锤击，如图 2-55（b）所示。

（5）样冲眼之间的间距应视线条长短曲直而定。线条长而直时，间距可大些；线条短而曲时，间距应小些。交叉、转折处必须打样冲眼。样冲眼的分布如图 2-56 所示。

（6）样冲眼的深浅视工件表面粗糙度而定。表面光滑或薄壁工件的样冲眼应打得浅些，表面粗糙工件的样冲眼应打得深些，精加工表面禁止打样冲眼。

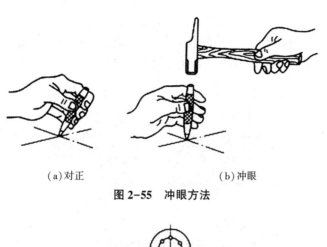

(a)对正　　　　　　　　　(b)冲眼

图 2-55　冲眼方法

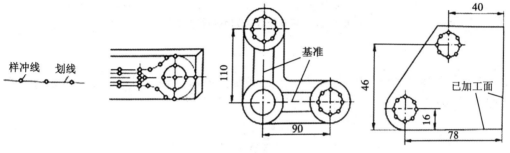

(a)间距均匀　　　(b)疏密适宜　　　　　　　(c)圆周上打样冲眼

图 2-56　样冲眼的分布示例

(八)其他辅助工具

1. 直角铁

直角铁如图 2-57(a)所示，它的两个工作面互相垂直。直角铁用作基准工具，辅助工件进行找正操作，完成划线。直角铁上的孔或槽是装夹工件时穿螺栓用的。直角铁常与 C 形夹钳配合使用。

(a)直角铁　　　(b)直角尺　　　(c)角度尺

(d)千斤顶　　　　　(e)V 形铁

图 2-57　辅助划线工具

2. 直角尺

直角尺如图 2-57(b) 所示，用于量取尺寸、检查平面度或垂直度等。当直角尺用于划线的导向工具时，可划平行线或垂直线，如图 2-58 所示。

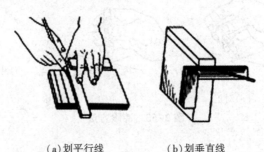

(a) 划平行线　　　(b) 划垂直线

图 2-58　直角尺作为划线的导向工具

3. 角度尺

角度尺如图 2-57(c) 所示，既用于量取角度，也用作划线的导向工具，可划角度线，如图 2-59 所示。

图 2-59　用角度尺划角度线

4. 千斤顶

千斤顶如图 2-57(d) 所示，当在毛坯上划线或需要划线的毛坯形状比较复杂、尺寸较大而不适合用方箱或 V 形铁装夹时，通常用三个千斤顶支承工件，调整其高度就能方便地找正工件。用千斤顶支承工件时，要保证工件稳定可靠。因此，要求三个千斤顶的支承点离工件的重心应尽量远些，且在工件较重的部位放两个千斤顶，较轻的部位放一个千斤顶。

5. V 形铁

V 形铁如图 2-57(e) 所示，它是用碳钢经淬火后磨削加工而成的，其上 V 形槽的夹角一般为 90° 或 120°，其余相邻各面互相垂直，一般两块为一副。V 形铁主要用来安装轴、盘、套筒等圆柱形零件，使工件轴线与平板平面平行。在较长的工件上划线时，必须把工件安装在两个等高的 V 形铁上，以保证工件轴线与平板平行。

三、划线的方法与步骤

(一)划线前的准备

1.读图

划线前要读懂工件图纸,明确其形状、大小、要求、划线基准、最大轮廓尺寸、图形画法等。

2.划线工具的准备

按照图纸要求合理选择所需划线工具,并检查和校验工具,若工具有缺陷,要进行调整和修理,以免影响划线质量。

3.划线工件的准备

划线工件的准备工作包括工件清理和工件涂色,必要时,可在工件孔中安置中心塞块,如图2-60所示。

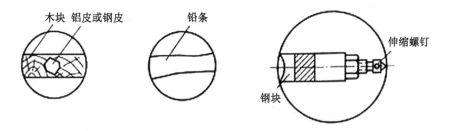

图2-60　在工件孔中安装中心塞块

(1)工件清理。在划线前,必须将毛坯件上的氧化皮、飞边、残留的泥沙污垢,以及已加工工件的毛刺、铁屑等清理干净。否则,将影响划线的清晰度,并损伤较精密的划线工具。

(2)工件涂色。为了使划线的线条清晰,一般都要在工件的划线部位涂一层涂料。铸件和锻件毛坯一般使用石灰水作为涂料,如果加入适量的牛皮胶,则附着力更强,效果更好;已加工表面一般涂蓝油(由质量分数为2%~4%的龙胆紫、3%~5%的虫胶漆和91%~95%的酒精配制而成)。涂刷涂料时,应尽可能涂得薄而均匀,以保证划线清晰;若涂得过厚,则容易剥落。

(二)合理安排基准线的位置并划出

基准线安排合理,才能节约材料成本,同时保证划线的正确。

(三)完成其他轮廓线条的划线(不注尺寸,作图线可保留,先定位再定形)

所有几何图形,都是由直线、平行线、垂直线、角度线、圆、圆弧、曲线等基本线条组成的,只有熟练掌握这些线条的基本划法,才能掌握好划线的技能。

（四）检查无误后合理敲样冲眼

详细对照图样检查划线的准确性，看看是否有遗漏或划错的地方。确定无误后，为了加强界线标记或为钻孔定中心，要敲上合适的样冲眼。

四、机械制图中的基本划线方法（表 2-4）

表 2-4　机械制图中的基本划线方法

划线要求	图示	划线方法
若干等分线段 AB（如五等分）	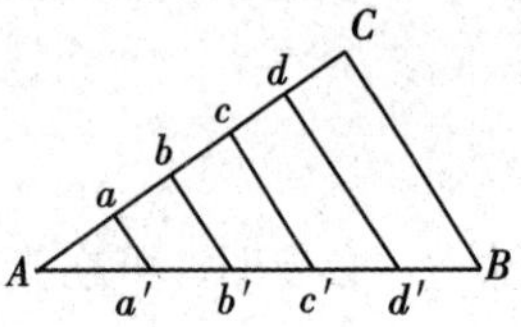	（1）由 A 点作一射线并与已知线段 AB 成某一角度； （2）从 A 点在射线上任意截取五等分点 a, b, c, d, C； （3）连接 BC，并过 a, b, c, d 分别作线段 BC 的平行线，这些平行线在 AB 线上的交点即 AB 线段的五等分点
作与线段 AB 距离为 R 的平行线	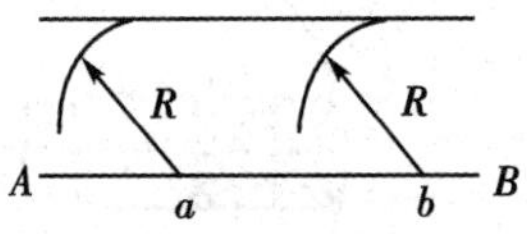	（1）在已知线段 AB 上任意取两点 a, b； （2）分别以 a, b 两点为圆心，以 R 为半径，在线段 AB 的同侧作圆弧； （3）作两圆弧的公切线，即所求的平行线
过线外一点 P，作线段 AB 的平行线	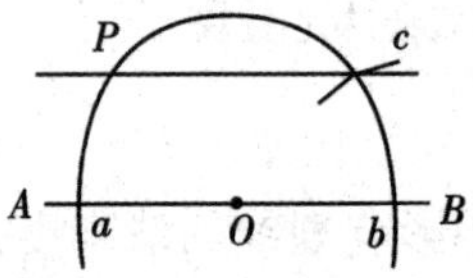	（1）在 AB 线段上取一点 O； （2）以 O 为圆心、OP 为半径作圆弧，交线段 AB 于 a, b； （3）以 b 为圆心、Ob 为半径作圆弧，交圆弧 ab 于 c； （4）连接 Pc，即所求的平行线
过已知线段 AB 的端点 B，作其垂直线段	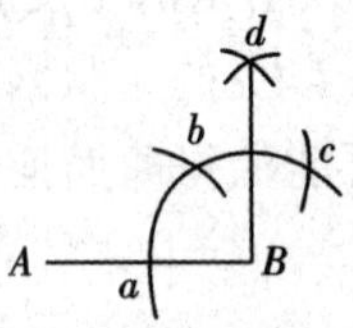	（1）以 B 为圆心，取 Ba 为半径作圆弧，交线段 AB 于 a； （2）以 Ba 为半径，在圆弧上截取圆弧段 ab, bc； （3）分别以 b, c 为圆心，Ba 为半径作圆弧，并交于点 d； （4）连接 Bd，即所求垂直线段
作与两相交直线相切的圆弧线	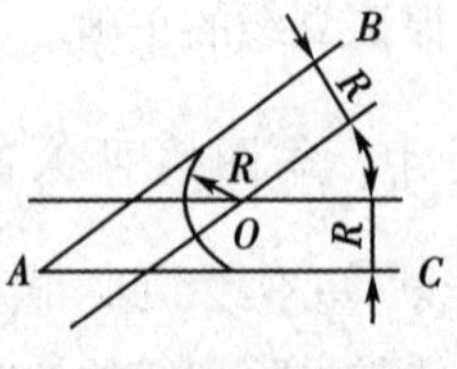	（1）在两相交直线的角度内，作与两直线相距为 R 的两条平行线，交于点 O； （2）以 O 为圆心、R 为半径作圆弧，即所求圆弧

表2-4(续)

划线要求	图示	划线方法
作与两圆弧线外切的圆弧线	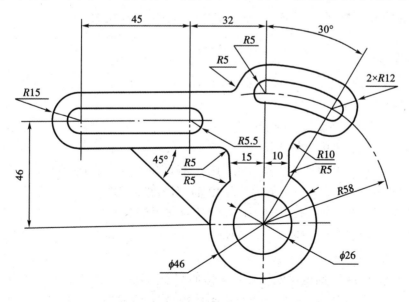	(1)分别以O_1和O_2为圆心，以R_1+R及R_2+R为半径作圆弧，交于点O； (2)以O为圆心、R为半径作圆弧，即所求圆弧
作与两圆弧线内切的圆弧线		(1)分别以O_1和O_2为圆心，以$R-R_1$及$R-R_2$为半径作圆弧，交于点O； (2)以O为圆心、R为半径作圆弧，即所求圆弧
作与两相向圆弧线相切的圆弧线		(1)分别以O_1和O_2为圆心，以$R-R_1$及$R+R_2$为半径作圆弧，交于点O； (2)以O为圆心、R为半径作圆弧，即所求圆弧

五、独立完成划线

应用机械制图的基本划线方法独立完成图 2-61 所示的摆角样板的纸上划线。

图 2-61　摆角样板

六、钳工实物划线

（一）示例一

利用平台、方箱、高度尺，在已经加工好两个基准的长方体板料（尺寸为 71 mm× 60 mm×8 mm）上划出 70 mm×50 mm×8 mm 长方体的加工线条。

通过现场示范、讲解、指导，让学生掌握本示例的操作技能。

（1）准备。

① 划线所用的已经加工好的两个基准尺寸为 71 mm×60 mm×8 mm 的长方体，对板料进行清理涂色。

② 平台、方箱、高度尺。

③ 读懂图样。

（2）确定划线基准（已经加工合格的两个相互垂直的基准边），且将基准与清洁过的平台贴合，大面靠紧方箱。

（3）用高度尺分别对 50 mm 和 70 mm 尺寸。

（4）正确操作高度尺，依次划出距离基准为 50 mm 和 70 mm 的加工界线线条。

（5）校对后，按照要求敲样冲眼，其示意图如图 2-43（a）所示。

（二）示例二

在加工合格的尺寸为 70 mm×50 mm×8 mm 的长方体板料上划出 U 形板的外轮廓线条，以便为后续加工提供加工界线。其示意图如图 2-43（b）所示。

通过现场示范、讲解、指导，让学生掌握本示例的操作技能。

（1）准备。

① 读懂图样。

② 划线所用的已经加工好的尺寸为 70 mm×50 mm×8 mm 的长方体板料。

③ 对板料进行清理、涂色。

④ 平台、方箱、高度尺、游标卡尺、手锤、样冲、划规、钢板尺。

（2）确定划线基准并正确划出。

分析如下：U 形板的划线属于平面划线，有两条相互垂直的基准线（一条是长方 50 mm 尺寸的中心对称线，另一条是长方 70 mm 尺寸的上面）。

（3）正确划基准线——长方 50 mm 尺寸的中心对称线。

① 用游标卡尺测量其实际尺寸，测量上、中、下三处，求其平均值，设值为 L。

② 用高度尺对 $L/2$ 尺寸。

③ 用平板、方箱、高度尺配合在长方体的侧面试划（对于有对称度要求的工件划线，应先加工形成对称中心要素的两个轮廓要素，待两个轮廓要素合格后再进行对称中心线的划线操作），其目的是检查对尺是否准确。若所对尺寸过大，则向小调；若所对尺寸过小，则调大。反复进行上述操作，直至对准，划出准确的长方 50 mm 尺寸的对称

中心线，并记住此时所用高度尺的示值，设值为 a。

（4）划宽为 12 mm 的 U 形槽的两边线条［对称尺寸为（$a\pm6$）mm］。

（5）用高度尺和钢直尺与划针配合划 $C7$ 倒角。

（6）用高度尺、手锤、划规、样冲配合划两个 $R10$ 圆弧线。

（7）用平板、方箱、高度尺配合划出 U 形槽 $R6$ 圆弧孔位中心线线条，并敲样冲眼。

（8）用划规划出 U 形槽的 $R6$ 圆弧线条。

（9）复检校对，无误后敲样冲眼。

七、总结

（1）学生展示划线作品，相互比较、互相学习，进一步了解自己的划线技能水平。

（2）个人、小组成员及教师分别对每名同学的划线作业做出客观评价，按照评分标准给出成绩，完成表 2-5。

表 2-5　划线练习记录及成绩评定表　　　　　总得分：_____

序号	项目及要求	配分	检测结果			得分
			学生自测	成员互评	教师检测	
1	项目：掌握机械制图中的基本划线方法。 要求：在纸上正确划出机械制图中要求的每种基本线条，达到划线要求	3 分×8＝24 分				
2	项目：在纸上正确划出图形。 要求： （1）准备充分； （2）掌握平行线、垂直线、圆弧与圆弧连接、圆弧与直线连接的划法，保留作图痕迹； （3）定形、定位尺寸准确； （4）划图线条清晰均匀	4 分×6＝24 分				
3	项目：在已经加工好两个基准的尺寸为 71 mm×60 mm×8 mm 的长方体板料上，用平板、方箱和高度尺配合划出 70 mm×50 mm×8 mm 长方体的加工线条。 要求： （1）准备充分； （2）划线工具使用方法正确； （3）线条清晰均匀，尺寸精度符合要求	6 分×2＝12 分				

表2-5(续)

序号	项目及要求	配分	检测结果			得分
			学生自测	成员互评	教师检测	
4	项目：在尺寸为 70 mm×50 mm×8 mm 的长方体板料上划出 U 形板的外轮廓线条。 要求： (1)准备充分； (2)划线工具使用方法、操作姿势正确； (3)50 mm 对称中心线位置正确； (4)U 形槽划法正确； (5)C7，R10 等尺寸及线条位置正确，圆弧连接圆滑； (6)样冲眼分布合理，大小适当； (7)线条清晰均匀，无重线，定形、定位尺寸精度符合要求	5 分×8＝40 分				
5	安全文明操作	酌情从总得分中扣除				

(3)师生共同进行归纳总结，教师对学生掌握的情况进行讲评。

任务思考

(1)划线工具有哪些？如何正确使用这些划线工具？

(2)划线的目的是什么？有哪些要求？

(3)熟知平面划线的方法和步骤，通过实操实例巩固相关知识。

任务五　锯削

任务目标

【知识目标】

(1)认识锯削工具——手锯。

(2)明确锯削基本技术要领。

(3)明确锯削时的安全注意事项。

【能力目标】

(1)学会锯削技术要领。

(2)能对薄板、深缝、管料、棒料等进行正确锯削。

（3）会分析锯条折断、锯缝歪斜、锯齿崩裂的原因。

【思政目标】

培养学生的工匠精神和工匠素质。

任务准备

（1）项目任务书、教材、锉削技术操作视频等资源。

（2）钳工锯削需要的实训设备、材料及工、量、刃具。

（3）认真阅读项目任务书，理解并明确学习任务。

（4）读懂项目任务书3：

① 备料：60 mm×71 mm×8 mm长方板料一块；材料为45#钢或Q235；

② 将划好50 mm×70 mm×8 mm加工界线的长方余料锯掉，达到图样要求。

锯削考核作业图如图2-62所示。

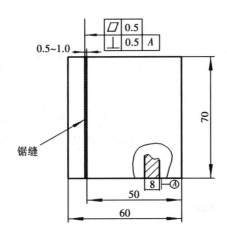

图2-62　锯削考核作业图

任务导学

（1）什么情况下需要锯削加工？常用的手锯结构如何？

（2）你了解锯条规格及选用、保养等常识吗？

（3）如何正确进行锯削操作？锯削操作有哪些技术要领？如何对棒料、管子、深缝、薄板料进行正确锯削？

（4）进行锯削时有何要求？如何进行质量检测？

知识链接

一、锯削概述

用手锯将材料或工件切断或切槽的加工方法，称为锯削或锯割。锯削不仅是钳工的一项基本技能，也是零件加工、机器维修中不可缺少的手段之一。

锯削主要用于锯断各种原材料或半成品，锯掉工件上多余的部分，或在工件上开槽，等等，如图2-63所示。锯削精度较低，形成的断面粗糙，因而在锯削加工后通常还要进行其他方式的切削加工。

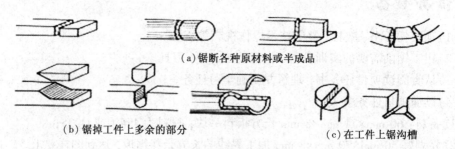

(a)锯断各种原材料或半成品

(b)锯掉工件上多余的部分　　　　(c)在工件上锯沟槽

图2-63　锯削的应用

二、锯削的工具——手锯

钳工锯削的工具主要是手锯。手锯由锯弓和锯条组成。

(一)锯弓

锯弓用来装夹、张紧锯条，并方便双手操作。锯弓可分为固定式和可调式两种。固定式锯弓只能安装一种长度的锯条，可调式锯弓可用来安装不同长度的锯条，如图2-64所示。

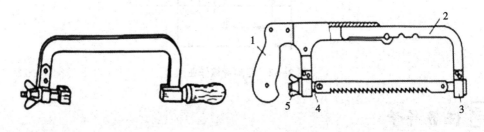

(a)固定式锯弓　　　　　　　　　　(b)可调式锯弓

图2-64　锯弓的结构

1—锯柄；2—锯弓；3—方形导管；4—夹头；5—翼形螺母

(二)锯条

锯条在锯削时起切削作用。

1. 锯条规格

锯条有长度规格和粗细规格。锯条的长度规格是以两端安装孔中心距来表示的，钳工常用的锯条长度为300 mm。锯条的粗细是以锯条每25 mm长度内的齿数来表示的，一般分为粗、中、细三种。锯齿的粗细规格及应用见表2-6。

表 2-6　锯齿的粗细规格及应用

锯齿规格	每 25 mm 长度内的齿数	应用
粗	14~18	锯削软钢、黄铜、铝、铸铁、纯铜、人造胶质材料
中	22~24	锯削中等硬度钢、厚壁的钢管、铜管
细	32	锯削薄片金属、薄壁管子
细变中	20~32	在一般企业中使用,易于起锯

2. 锯齿粗细规格的选用

选用的一般原则:软料、厚料、切面较大的材料用粗齿,因为其切屑较多,要求有较大的容屑空间;硬料、薄料、切面较小的材料用细齿,原因是锯齿不易切入,切屑较少,不易堵塞容屑槽;一般中等硬度材料选用中齿锯条。锯削管子和薄板时,必须用细齿锯条;否则,会因齿距大于板(管)厚,使锯齿被钩住而崩断。锯削工件时,要有两个以上的锯齿同时参加锯削,才能避免锯齿被钩住而崩断。

3. 锯齿的切削角度

如图 2-65 所示,锯齿相当于一排同样形状的錾子,每个齿都参与切削,一般前角 $\gamma_0 = 90°$,后角 $\alpha_0 = 40°$,楔角 $\beta_0 = 50°$。

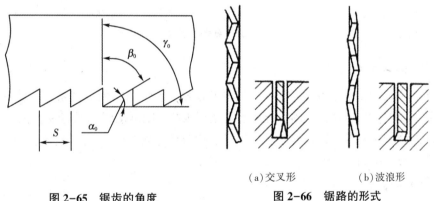

（a）交叉形　　　　（b）波浪形

图 2-65　锯齿的角度　　　　图 2-66　锯路的形式

4. 锯路

为了减小锯缝两侧面对锯条的摩擦阻力,避免锯条被夹住或折断,在制造锯条时,使锯齿按照一定规律左右错开,排列成一定形状,称为锯路。锯路有交叉形和波浪形,如图 2-66 所示。锯条有了锯路以后,使工件上的锯缝宽度大于锯条背部的厚度,从而可防止"夹锯"和锯条过热,减少锯条磨损。

三、锯削操作要点

(一)工件的夹持

锯削时,工件一般应夹在台虎钳的左面,以方便操作。工件伸出钳口不应过长,应使锯缝离开钳口侧面约 20 mm 为宜;若锯缝过长,则在锯削时容易产生振动。锯缝线要与钳口侧面保持平行,以便于控制锯缝不偏离所划线条。夹紧工件要牢靠,同时控制好夹持力度,避免将工件夹变形或夹伤已加工表面。

(二)锯条的安装

1. 锯齿方向

手锯是在前推的过程中起切削作用的,因此,安装锯条时,齿尖必须向前,如图 2-67(a)所示。若装反了,则不能正常切削,如图 2-67(b)所示。

锯条的安装

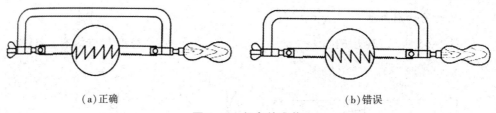

(a)正确　　　　　　　　　　　　　(b)错误

图 2-67　锯条的安装

2. 锯条的松紧应适当

锯条装夹的松紧程度要适当,不宜过紧或过松。若锯条安装得太紧,则受力大,在锯削中稍有不当,锯条就会折断;若锯条安装得太松,则锯削时锯条容易扭曲,也易折断,而且锯缝容易歪斜。锯条的松紧可以通过调节螺母来调整,其松紧程度以用手扳动锯条时感觉硬实即可。

3. 锯条平面位置正确

调节好的锯条,其平面应平直,且与锯弓的中心对称平面平行,不得倾斜或扭曲,否则锯削时锯缝极易歪斜。

(三)手锯握法

手锯握法如图 2-68 所示。右手满握锯柄,主要施加推力,把控方向;左手轻扶在锯弓前端,协助右手把持方向和保持平衡稳定。

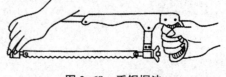

图 2-68　手锯握法

（四）锯削姿势

锯削姿势如图2-69所示。锯削的站立部位与锉削的站立部位类似，锯削时，操作者右腿伸直，左腿弯曲，身体向前倾斜，重心落在左脚上，两脚站稳不动，靠左膝的屈伸使身体做往复摆动。在起锯时，身体稍向前倾，与竖直方向夹角保持10°左右；随着行程加大，身体逐渐向前倾；行程达2/3时，身体倾斜大约18°；锯削最后1/3行程时，用手腕推进锯弓，身体反向退回到15°位置。回程时，左手扶持锯弓不加力，稍微提起锯弓，身体退回到最初位置。

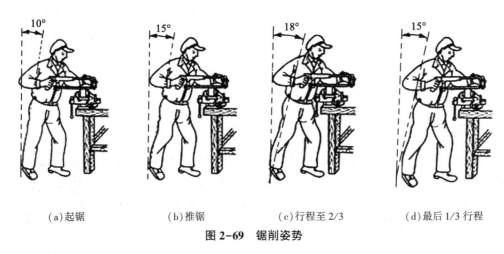

（a）起锯　　　　　　（b）推锯　　　　　（c）行程至2/3　　　　（d）最后1/3行程

图 2-69　锯削姿势

（五）起锯与收锯

1. 起锯

起锯方法

起锯是锯削工作的开始，有远起锯和近起锯两种方法，如图2-70所示。在实际锯削中，一般采用远起锯法。起锯时，锯条要垂直于工作表面，并以左手拇指靠稳锯条，使锯条正确地锯在所需位置上，且行程要短、压力要小、速度要慢。

起锯角度（锯条与工件表面倾斜角）约为15°，以使锯条同时接触工件的齿数为至少3个。如果起锯角度过小，那么锯齿与工件表面同时接触的齿数过多，不易切入工件，会造成锯条拉伤工件表面和锯缝偏移；如果起锯角度过大，那么锯齿会钩住工件的棱边，会使锯齿崩裂。

当起锯锯到槽深2~3 mm，锯条不会再滑出槽外时，左手拇指离开锯条，并应逐渐扶正锯弓使之处于水平位置，然后向下正常锯削。正常锯削时，应使锯条的全部有效齿在每个行程中都参与切削。

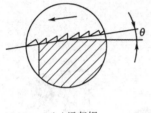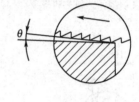

（a）远起锯　　　　　　　（b）起锯角太大　　　　　　　（c）近起锯

图 2-70　起锯方法

2. 收锯

工件将要锯断或锯到要求的尺寸时，用力要小，速度要放慢，称为收锯。对要锯断的工件，要用左手扶住工件断开部分，以防崩齿或锯条折断，以及防止工件跌落伤人或碰伤工件。对不需要直接锯断的工件，可直接用手掰断。

锯削技术

（六）锯削的压力、运动与速度

锯条前推切削时，应施加适当压力；返回时不切削，应将锯稍微抬起或锯条从工件上轻轻滑过以减少磨损。快锯断时，用力要轻，以免碰伤手臂。

锯削一般采用小幅度的上下摆式运动，推锯时，身体前倾，双手在施加压力的同时，左手上翘，右手下压；回程时，右手上抬，左手自然跟回。这种运动形式相对轻松，不易疲劳，但初学者对动作掌握不熟练时，锯缝容易跑偏。对于锯缝底面要求平直的锯削，应采用直线运动形式。

锯削速度应根据工件材料及其硬度而定。锯削硬材料时，速度应慢些，以每分钟 20~40 次为宜；锯削软材料时，速度可快些，通常每分钟往复 40~60 次。锯削时，锯条行程以占锯条全长的 2/3 以上为宜，这样既可提高使用效率，又能延长锯条的使用寿命。

（七）锯削的方法

1. 棒料的锯削

锯削棒料时，如果断面要求比较平整，那么应从一开始就不间断地连续锯削，直到锯断为止，以使断面锯纹相互平行。如果断面要求不高，那么锯削过程中可改变几次方向,即将工件转过一定角度再重新起锯,如此反复几次直至锯断,这样由于锯削面变小而容易锯入。锯到靠近中心部位时,可用锤击断开或放慢速度直接锯断。

2. 板料的锯削

板料应从宽面上锯削,如图 2-71(a)所示。当板子比较薄时,应尽可能从其宽面上锯削。当只能从窄面上锯削时,可用两个木块夹持,如图 2-71(b)所示,连同木块一起锯下,以避免锯齿被钩住,同时增加了板料的刚度,使锯削时不易发生振动;也可将薄板直接夹在虎钳上,用横向斜推锯锯法锯削,如图 2-71(c)所示,使薄板与锯条接触的齿数增加,以避免锯齿崩断。

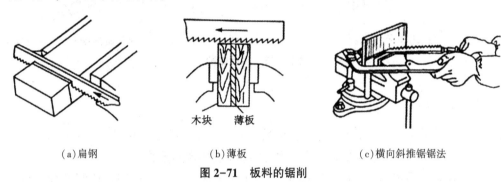

| (a)扁钢 | (b)薄板 | (c)横向斜推锯锯法 |

图 2-71　板料的锯削

3. 圆管的锯削

如果管子是薄壁件,那么其受力容易变形,因此装夹时应用 V 形槽木块垫夹在虎钳上,如图 2-72(a)所示。

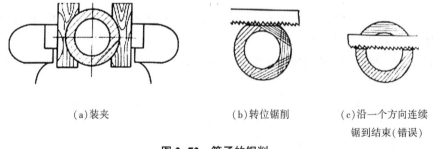

| (a)装夹 | (b)转位锯削 | (c)沿一个方向连续
锯到结束(错误) |

图 2-72　管子的锯削

锯削管子时,应先从一个方向锯到管子的内壁处,将管子沿推锯方向转过一定角度,再以原锯缝相继锯削到内壁处,如此反复直到完全锯断为止,即转位锯削,如图 2-72(b) 所示。不可沿一个方向连续锯到结束,如图 2-72(c)所示,这样锯齿容易崩断。

4. 角钢与槽钢的锯削

锯削角钢与槽钢时,应从宽面开始锯削,并且应依次转位装夹,从每个面锯削,这样才能得到比较平整的断面,且不易损坏锯条。若一次装夹锯到底,则锯缝深,操作不便,效率低,锯条容易折断。

5. 深缝锯削

当工件尺寸较大，锯缝达到或超过锯弓高度时，锯弓就会与工件相碰，如图 2-73 (a)所示。此时，应将锯条转过 90°安装后再进行锯削，如图 2-73(b)所示。必要时，可将锯条转过 180°安装后再进行锯削，如图 2-73(c)所示。

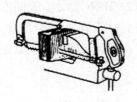 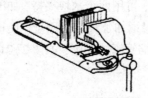 

(a)锯弓与工件相碰 　　　(b)锯条转 90° 　　　(c)锯条转 180°

图 2-73　深缝锯削

(八)锯削的安全文明规范

(1)工件装夹、锯条安装要正确，松紧要适当。控制好起锯角，防止锯缝歪斜。

(2)锯削时，用力要均匀，不可用力过猛，防止锯条折断伤人。

(3)锯削硬质材料时，可在锯缝中适当加入机油等介质。这些介质起冷却、润滑、减小摩擦的作用。

(4)锯削速度不宜过快，否则锯条容易变钝，从而影响锯削效率。

(5)随时观察锯缝平直情况，当锯缝歪斜时，应及时纠正，但不可强力扭曲，以防锯条折断。

(6)收锯时，压力要小，方法要正确，避免压力过大使工件突然断开及手向前冲而造成事故，并防止工件跌落伤人。

(7)锯削完毕，应及时将锯条放松，并将手锯按照要求妥善保管，防止锯弓上的零件丢失。

(九)锯条损坏原因

锯条损坏的原因分析如表 2-7 所列。

表 2-7　锯条损坏的原因分析

损坏形式	原因分析
锯条过早磨损	(1)锯削速度过快而造成锯条过热，使锯齿磨损加快； (2)锯削过硬材料时，没有使用冷却润滑液
锯齿崩断	(1)锯齿粗细选择不当； (2)起锯方法不正确； (3)锯削时，突然碰到砂眼、杂质，或者突然加大压力； (4)收锯时，压力过大，速度过快

表2-7(续)

损坏形式	原因分析
锯条折断	(1)锯条安装不当,过松或过紧; (2)工件装夹不正确、夹持不稳或工件从钳口外伸过长,锯削时发生振动; (3)起锯时,锯缝偏离加工线,强行纠正,使锯条扭断; (4)推锯时,用力太大或突然加力; (5)工件未锯断而更换锯条,新锯条在旧锯缝中卡住而折断; (6)工件即将锯断时,没有减小压力,锯条因碰在台虎钳或其他物件上而折断

四、锯削实操练习

如图 2-74 所示,在尺寸为 100 mm×60 mm×8 mm 的薄钢板上锯削出六条符合尺寸要求的缝。

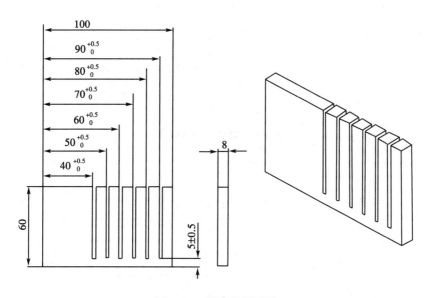

图 2-74　锯削练习图样

（一）工、量具准备

准备好手锯、划针、划线盘、高度游标卡尺、样冲、钢直尺、直角尺、平板、方箱等。

（二）加工方法与步骤

(1)检查毛坯尺寸,清洁毛坯表面油污。

(2)划线。如图 2-75 所示,分别以底面和侧面为基准,按照图 2-75 所示的每条锯缝的上、下极限尺寸划线,并沿线打上必要的样冲眼。

(3)锯削。依照图 2-75,从右向左依次锯削每条锯缝(先锯削尺寸大的缝,再锯削尺寸小的缝)。锯削时,始终保持每条锯的左侧面处于该锯缝的两个极限尺寸所在线之间，以保证每条锯缝要求的尺寸精度及必要的平直度。同时需要注意，应使每条锯缝的底面处于 4.5 mm 和 5.5 mm 的两条线之间。

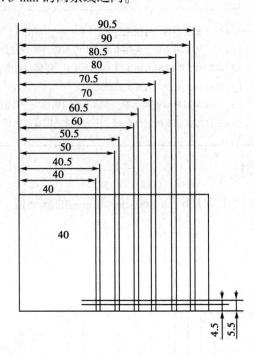

图 2-75 锯削练习划线图样

(4)去毛刺，检测。

(5)完成任务后，填写表 2-8。

表 2-8 锯削加工评分

制作者姓名	项目					总分 (10分)
	平面度 0.5 mm (2分)	垂直度 0.5 mm (2分)	距离线条 0.5~1.0 mm (2分)	锯削姿势、动作正确自然 (2分)	安全文明操作 (2分)	
学生测评						
教师测评						

备注：

任务思考

(1)与手锯结构有关的常识性知识有哪些？

(2)你学会了哪些锯削技术要领？

(3)锯削时应该注意哪些事项？

任务六 板料锉长方

任务目标

【知识目标】

(1)理解形状规则工件加工工艺步骤的制定原则。

(2)了解工件合格的标准。

【能力目标】

(1)能运用所学工艺理论知识制定长方板料的加工工艺步骤。

(2)在读懂作业图的基础上,能正确加工、正确检测工件。

(3)培养分析问题和解决问题的能力。

【思政目标】

培养学生团结协作、做事精益求精的良好品质和安全文明的行为习惯。

任务准备

(1)项目任务书、教材、锉削技术操作视频等资源。

(2)钳工锉削需要的实训设备、材料,以及工、量、刃具。

(3)读懂项目任务书4:

将锯削后的半成品件锉削成符合要求的长方体,为U形板的制作做准备。

板料锉长方作业图如图2-76所示。

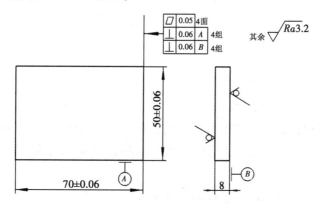

图 2-76 板料锉长方作业图

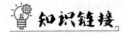

（1）你能读懂作业图吗？

（2）运用自己已掌握的知识和技术制定长方板料的加工工艺步骤。

（3）按照制定的加工工艺步骤加工制作板料长方成品工件，并会进行各项质量检测（加工过程中的控制及成品质检）。

知识链接

一、读图内容、步骤

（1）大小。

（2）形状。

（3）要求（如尺寸、形状、位置、表面粗糙度要求）。

（4）最大轮廓尺寸。

（5）基准。

（6）划线方法。

（7）分析讨论制定加工工艺步骤。

（8）确定加工长方工件是否合格的检测项目及方法。

二、形状规则工件加工工艺步骤的制定原则

（1）先基准后其他。

（2）先大（或长）后小（或短）。

（3）先平行后垂直。

（4）先直后曲。

（5）先内后外。

三、板料长方加工工艺步骤

（1）备料或检查来料尺寸。

（2）粗、精锉长基准，使其达到平面度、垂直度（窄面与大面）、表面粗糙度要求。

（3）粗、精锉短基准，使其达到平面度、垂直度（窄面与大面、窄面与窄面）、表面粗糙度要求。

（4）划 50 mm±0.06 mm，70 mm±0.06 mm 的线条。

（5）锯掉余量。

（6）粗、精锉被测长边，达到平面度、垂直度（窄面与大面、窄面与窄面）、尺寸为 50 mm±0.06 mm、对面平行及表面粗糙度等要求。

（7）粗、精锉被测短边，达到平面度、垂直度（窄面与大面、窄面与窄面）、尺寸为

70 mm±0.06 mm、对面平行及表面粗糙度等要求。

（8）全部精度复检，做必要修整，倒棱、去毛刺，交件待验。

完成任务后，填写表2-9。

表2-9　板料锯锉长方评分表

制作者姓名	项目									总分 (100分)
	70 mm± 0.06 mm (5分)	50 mm± 0.06 mm (5分)	$\square$ (5分×4)	⊥窄与大 (5分×4)	⊥窄与窄 (5分×4)	Ra (4分×4)	8棱倒角 (1分×8)	无缺陷 (2分)	安全文明 生产 (4分)	
学生测评										
教师测评										

备注：

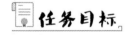
任务思考

（1）说出形状规则工件加工工艺步骤的制定原则。

（2）运用自己已掌握的知识和技术，总结长方板料的加工工艺步骤。

任务七　錾削

任务目标

【知识目标】

（1）了解錾削的概念、特点、应用范围。

（2）熟悉錾子的结构、功用、分类。

（3）熟悉并理解錾子切削部分的结构，前角、后角、楔角的概念及其大小对錾削质量的影响，以及选择方法。

（4）了解手锤的结构、功用、规格及基本使用规范。

（5）理解并掌握錾削技术要领，明确錾削要求。

（6）掌握錾子的刃磨方法及錾削安全操作规范。

【能力目标】

（1）会对錾削时的工件进行正确装夹。

（2）錾削时正确握錾，錾削姿势正确，起錾、终錾方法得当。

（3）錾削时正确握锤，根据需要选择正确的挥锤方法。

（4）具备錾削平面、窄槽及油槽的基本方法与技能。

【思政目标】

培养学生安全文明操作的良好习惯。

任务准备

（1）钳工錾削基本技能项目任务书、U形板零件图、錾削作业图。

（2）教材、课件、视频等资源及錾削工具。

（3）读懂项目任务书5：

完成图2-77所示的錾削工作，达到錾削操作技术要求。

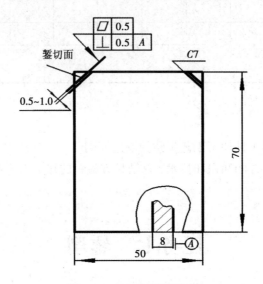

图2-77　錾削考核作业图

（4）认真阅读项目任务书，理解并明确工作任务。

（5）观看钳工錾削操作视频，建立对钳工錾削技术的感性认识。

任务导学

（1）你了解錾削技术吗？

（2）何时应用錾削技术？錾削时常用哪些设备、工具？

（3）錾削时所用錾子、手锤的结构、类型如何？各自的功用是什么？如何选用錾子、手锤？

（4）錾削的技术要领有哪些？錾削质量的检测项目和标准有哪些？

（5）学习錾削的基本理论知识和技能训练后，是否能錾削平面、窄槽及油槽？

一、錾削概念及应用

用锤子打击錾子对金属工件进行切削加工的方法称为錾削。

錾削主要用于不便机械加工的场合，如去除毛坯上的凸缘、毛刺、浇口、冒口，以及分割材料、錾削平面和沟槽等。

錾削工作效率低、劳动强度大，但由于它所使用的工具简单、操作方便，因此在许多不便于进行机械加工的场合，仍起着重要作用。通过錾削操作的锻炼，可以提高锤击的准确性，为装拆机械设备打下扎实的基础。可见，錾削是钳工操作的基本技能。

二、錾削工具

(一)錾子

1. 錾子的类型及功用

錾子是錾削的主要刃具，常用的錾子主要有扁錾(阔錾)、窄錾(狭錾)、油槽錾等。

(1)扁錾。其切削刃较长，切削部分扁平，如图2-78(a)所示。扁錾应用最为广泛，常用于平面錾削，去除凸缘、毛刺、飞边及切断材料等，如图2-79所示。

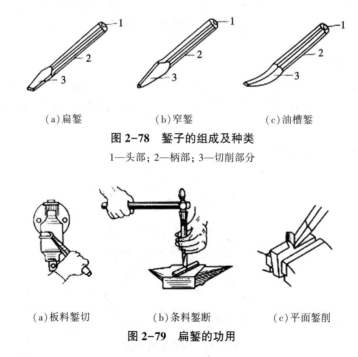

(a)扁錾　　　　　(b)窄錾　　　　　(c)油槽錾

图2-78　錾子的组成及种类

1—头部；2—柄部；3—切削部分

(a)板料錾切　　　(b)条料錾断　　　(c)平面錾削

图2-79　扁錾的功用

(2)窄錾。其切削刃较短，且刃的两侧面自切削刃起向柄部逐渐变狭窄，以保证在錾槽时，两侧不会被工件卡住，如图2-78(b)所示。窄錾用于錾槽及将板料切割成曲线等，如图 2-80 所示。

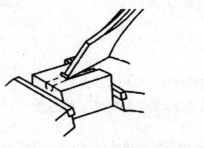

(a)錾槽   (b)分割曲线形板料

图 2-80　窄錾的功用

（3）油槽錾。其切削刃为半圆形，尺寸很短，切削部分制成弯曲形状，如图 2-78（c）所示。油槽錾主要用于錾削润滑油用油槽，如图 2-81 所示。

(a)平面錾槽   (b)曲面錾槽

图 2-81　油槽錾的功用

2. 錾子的结构

錾子一般由碳素工具钢锻造而成，长度为 170 mm 左右，由头部、柄部、切削部分组成，如图 2-78 所示。切削部分磨成所需楔形后，经热处理使其硬度达到 52~62 HRC，以满足切削要求。

錾子切削部分的结构及切削时的角度如图 2-82 所示。

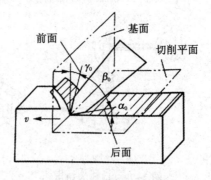

图 2-82　錾削时的角度

（1）錾子切削部分的两面一刃。

① 前刀面。錾子工作时与切屑接触的表面。

② 后刀面。錾子工作时与切削表面相对的表面。

③ 切削刃。錾子前面与后面的交线。

（2）錾子切削时的三个角度。

为了确定切削时的几何角度，需要选定两个坐标平面。

① 切削平面。通过切削刃与切削表面相切的平面。錾子的切削平面与切削表面重合。

② 基面。通过切削刃上任一点并垂直于切削速度（v）方向的平面。（錾削时的切削速度与切削平面方向一致）

切削平面与基面相互垂直，构成确定錾子几何角度的坐标平面。

① 楔角。前面与后面所夹的锐角，用符号 β_0 表示。

② 后角。后面与切削平面所夹的锐角，用符号 α_0 表示。

③ 前角。前面与基面所夹的锐角，用符号 γ_0 表示。

（3）角度大小的影响及选择。

① 楔角。它是在刃磨时形成的，其大小决定了錾子切削部分的强度及切削阻力大小。楔角越大，刃部的强度就越高，但受到的切削阻力也越大。因此，在满足强度的前提下，应刃磨出尽量小的楔角。通常情况下，錾削硬材料时，楔角可大些；錾削软材料时，楔角应小些。前角、楔角与后角三者之间的关系为：$\gamma_0 + \beta_0 + \alpha_0 = 90°$。根据不同材料推荐选择的楔角大小如表 2-10 所列。

表 2-10　根据不同材料推荐选择的楔角大小

材料	楔角
工具钢、硬铸铁等硬材料	60°~70°
一般碳素结构钢、合金结构钢等中等硬度材料	50°~60°
低碳钢、铜、铝等软材料	30°~50°

② 后角。其大小决定了錾子切入深度及切削的难易程度。后角越大，切入深度就越大，切削阻力也越大；反之，后角越小，切入就越浅，切削也越容易，但切削效率越低。若后角太小，会因切入分力过小而不易切入材料，錾子易从工件表面滑过，如图 2-83 所示。一般后角取 5°~8°较为适宜。

③ 前角。其大小决定了切屑变形的程度及切削的难易程度。由于前角为 $\gamma_0 = 90° - (\alpha_0 + \beta_0)$，所以当楔角与后角都确定后，前角的大小也随之确定。

（二）手锤

手锤既是錾削时的敲击工具，也是钳工装、拆工件时必不可少的工具。

1. 手锤的结构

手锤由锤头、楔铁和手柄等组成，如图 2-84 所示。其中，锤柄多用木材制成，装锤

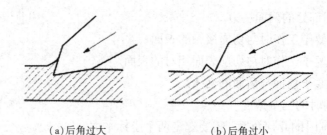

(a)后角过大　　　　　　　　(b)后角过小

图 2-83　后角大小对錾削的影响

柄的锤孔常制作成椭圆形，且孔的两端口比中间大，呈凹鼓形，这样便于安装手柄。为了防止手柄在使用中松动而致锤头脱落发生意外，手锤安装时须在锤孔中镶入金属楔子（即楔铁）。

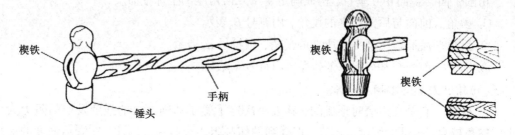

图 2-84　手锤的结构

2. 手锤的分类

（1）按照制作锤头的材质，手锤可分为硬锤和软锤。

① 硬锤主要用于錾削，其材料一般为碳素工具钢，锤头两端的锤击面经淬硬处理后磨光。木柄用硬木制成，如胡桃木、檀木等。

② 软锤多用于装配和矫正，其材料一般有铅、铝、铜、硬木、橡皮等，也可通过在硬锤头上镶入或焊接一段铅、铝、铜等材料而制成。

（2）按照锤头形状，手锤可分为圆头手锤和方头手锤，如图 2-85 所示。圆头手锤一般用于錾削、装拆零件，方头手锤一般用于打样冲眼。

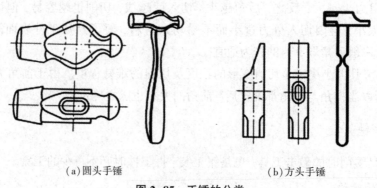

（a）圆头手锤　　　　　　　　（b）方头手锤

图 2-85　手锤的分类

3. 手锤的规格

手锤的规格按照锤头质量来划分，钳工使用的硬锤的常见规格有 0.25，0.50，1.00 kg 等。

三、錾削的方法与技能

(一) 錾子的刃磨

錾子的好坏会直接影响加工表面质量的优劣和生产效率的高低。錾子经过一段时间的使用后，会磨损变钝，从而失去切削能力；在被锤击的过程中，錾子头部也会产生毛刺，这时就要在砂轮机上进行刃磨或修磨。

1. 刃磨的方法与安全规范

(1) 刃磨时，将錾子的切削刃水平置于砂轮外缘，并略高于砂轮中心，手持錾子沿砂轮轮宽方向左右平行移动，动作要平稳、均衡，如图 2-86 所示。

錾削基础知识

图 2-86　錾子的刃磨

(2) 手握錾子时，要掌握好方向和位置，以确保刃磨角度的准确性。刃磨錾子前面和后面时，应交替进行，以保证两个面对称。

(3) 刃磨压力要均匀，用力不可太大，以免切削部分因过热而退火。刃磨过程中，要经常将錾子浸入冷水中冷却。

(4) 注意安全。身体的站立位置应避开砂轮旋转的正前方，站在砂轮旋转平面的一侧。砂轮旋转方向应正确，以保证磨屑向地面飞溅。

(5) 不可用棉纱裹住錾子进行刃磨。

2. 錾子刃磨的要求

刃磨时，錾子的几何形状及角度值应根据其用途及加工材料的性质来确定。錾子楔角的大小，要根据被加工材料的软硬来确定，如表 2-10 所列。

（二）錾子的握法

1. 正握法

正握时，錾子主要用左手的中指、无名指和小拇指握持，大拇指与食指自然合拢，錾子的头部伸出约 20 mm，如图 2-87(a)所示。

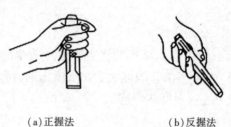

（a）正握法　　　　　　　（b）反握法

图 2-87　錾子的握法

2. 反握法

反握时，左手手心向上，手掌悬空，大拇指捏在錾子的前方，中指、无名指、小拇指自然放置，如图 2-87(b)所示。

錾削时，不论何种握法，錾子不能握得太实，否则手会受到很大的震动。小臂要自然平放，并使錾子保持正确的后角。

（三）錾削姿势

錾削时，两脚互成一定角度，左脚跨前半步，右脚稍微朝后，如图 2-88(a)所示。身体自然站立，重心偏于右脚。右脚要站稳，右腿伸直，左腿膝关节稍微自然弯曲。眼睛注视錾削处，以便观察錾削的情况，而不应注视锤击处。左手握錾子使其在工件上保持正确的角度。右手挥锤，使锤头沿弧线运动，进行敲击，如图 2-88(b)所示。

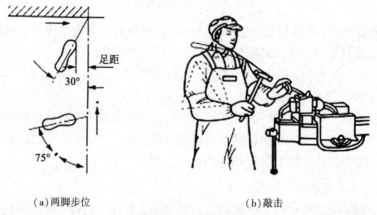

（a）两脚步位　　　　　　　　（b）敲击

图 2-88　錾削姿势

（四）手锤的握法

1. 紧握法

用右手五指紧握锤柄，大拇指合在食指上，虎口对准锤头方向，木柄尾端露出 15~30 mm。敲击过程中，五指始终紧握，如图 2-89（a）所示。初学者往往采用紧握法。

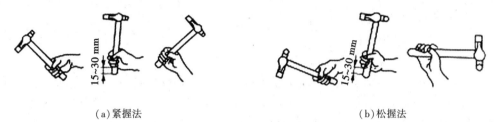

（a）紧握法   （b）松握法

图 2-89 手锤的握法

2. 松握法

松握法即用大拇指和食指始终握紧锤柄；锤击时，中指、无名指、小拇指在运锤过程中依次握紧锤柄；挥锤时，按照相反的顺序放松手指，如图 2-89（b）所示。这种方法的特点是锤击时手不易疲劳，且锤击力大。

（五）挥锤方法

1. 手挥

手挥是指只依靠手腕的运动来挥锤，如图 2-90（a）所示。此时，锤击力较小，一般用于錾削开始和结尾阶段，或者錾削油槽等场合。

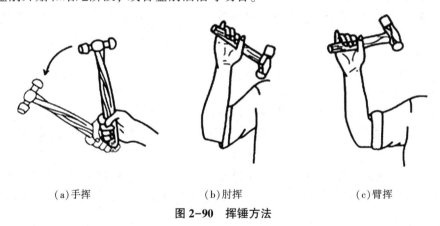

（a）手挥   （b）肘挥   （c）臂挥

图 2-90 挥锤方法

2. 肘挥

肘挥是指利用腕和肘一起运动来挥锤，如图 2-90（b）所示。此时，敲击力较大，因此这种方法应用最广。

3. 臂挥

臂挥是指利用手腕、肘和臂一起挥锤，如图2-90(c)所示。此时，锤击力最大，因此其用于需要大力錾削的场合。

锤击时，要做到稳、准、狠。稳就是锤击时节奏和速度要保持均匀，每分钟击打40次左右为宜；准就是锤击命中率高，击打在錾子正中间；狠就是锤击加速有力。

(六)錾削方法

1. 起錾方法

(1)斜角起錾。錾削平面时，先在工件的边缘尖角处将錾子向下倾斜成一定的角度，轻击錾子，錾出一个斜面，再慢慢把錾子移向中间，使锋口与工件平行，按照正常的錾削角度逐步向中间錾削，如图2-91(a)所示。

(a)斜角起錾   (b)正面起錾

图2-91　起錾方法

(2)正面起錾。錾削时，全部刃口贴住工件錾削部位端面，将錾子向下倾斜成一定的角度，錾出一个斜面，然后按照正常角度錾削，如图2-91(b)所示。正面起錾常用于錾削槽。

2. 錾削过程

起錾后，錾削平面时，錾子的刀刃与錾削方向应保持一定的角度，如图2-92(a)所示，这样錾削比较平稳，工件不易松动，锤击时也比较顺手。若錾子的刀刃与錾削方向垂直[如图2-92(b)所示]，则会出现錾削不平稳、工件容易松动、加工表面粗糙、工作效率低等问题。

錾削时，后角保持在5°~8°；当錾削余量较小时，将錾子柄部上抬，适当增大后角，否则切屑较薄，容易打滑；当錾削余量较大时，将錾子柄部下压，适当减小后角，否则切屑较厚，錾子容易扎入工件。

每錾削两三次后，可将錾子退出放回一些，做一次短暂停顿再继续，这样既可以观察加工面的情况，又可以有节奏地放松手臂肌肉。

（a）刀刃与錾削方向倾斜　　　　（b）刀刃与錾削方向垂直

图 2-92　錾削过程

3. 錾削末尾

当每次錾削接近尽头处 10~15 mm 时，必须将工件调头，再錾去余下的部分，如图 2-93（a）所示。錾削脆性材料（如铸铁、青铜）时更应如此，否则，錾到最后，工件边、角的材料会崩裂，如图 2-93（b）所示，影响錾削质量。

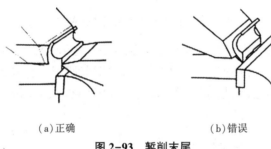

（a）正确　　　　　　　　　（b）错误

图 2-93　錾削末尾

4. 平面錾削

錾削平面时，每次錾削需去除金属的厚度为 0.5~2.0 mm，最后一次以 0.5 mm 厚度细錾，再留 0.5 mm 左右厚度的锉削余量。

錾削较窄平面时，錾子的刀刃应与錾削方向保持一定的倾斜角，如图 2-92（a）所示。

錾削较宽平面时，錾子切削部分两侧受到工件的卡阻，切削比较费力，可先用窄錾开槽，再用扁錾把槽间的凸起錾去，如图 2-94 所示。这样便于控制錾削尺寸，减轻劳动强度。

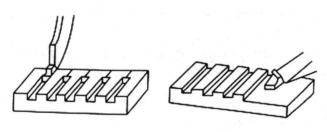

（a）窄錾开槽　　　　　　　（b）扁錾去凸台

图 2-94　宽平面錾削

5. 薄板錾削

錾削小块薄板料时，可将其夹在台虎钳上进行錾削。錾切时，板料按照划线部位与钳口对齐夹紧，用扁錾沿钳口(刀刃与板料成45°)自右至左錾切，如图2-95所示。不可将錾子刀刃平放在板料上錾切，这样会造成切面不平整且錾切困难。

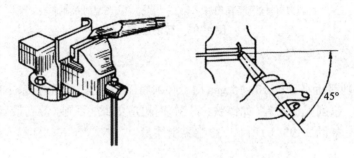

图2-95 薄板夹持在台虎钳上錾削

较大的板料不能直接夹持在台虎钳上錾削，可平放在铁砧上，如图2-96(a)所示。这时，錾子的切削刃要刃磨成弧形，以使前、后的錾痕便于连接齐正。錾削开始时，錾子要稍向前倾[如图2-96(b)所示]，然后扶正[如图2-96(c)所示]，依次錾切。

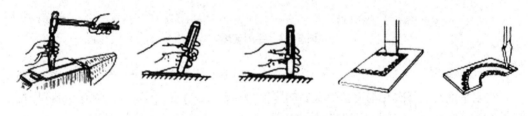

(a)平放在铁砧上　　(b)錾子稍向前倾　　(c)錾子扶正　　(d)扁錾　　(e)窄錾

图2-96 薄板平放在铁砧上錾削

錾削厚板时，先沿划线边界钻出密集的排孔，再安放在铁砧上錾切。錾切直线时用扁錾[如图2-96(d)所示]，錾切曲线时用窄錾[如图2-96(e)所示]。

6. 錾油槽

錾油槽时，首先要根据图样上油槽的断面形状，对錾子进行刃磨，并在工件上按照油槽的位置划好线，如图2-97(a)所示。

在平面上錾油槽，起錾时，要逐渐加深至要求尺寸，再按照平面錾削的方法沿划线方向正常进行。錾到尽头时，刀刃必须慢慢翘起，使槽底圆滑过渡。

在曲面上錾油槽，錾子的倾斜角度应随曲面的位置而变动，以使錾削过程中后角始终保持不变，如图2-97(b)所示。

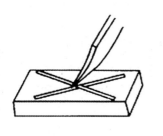

(a)平面上錾油槽　　　　　　　(b)曲面上錾油槽

图 2-97　油槽的錾削

(七)影响錾削表面质量的因素

錾削时,錾削表面可能产生的现象及影响錾削表面质量的因素如表 2-11 所列。

表 2-11　錾削表面现象及影响錾削表面质量的因素

现象	产生的原因
錾削表面粗糙	(1)錾子淬火太硬,使刃口爆裂,或刃口已钝还在继续錾削; (2)锤击力不均匀
錾削表面凹凸不平	錾削中,后角大小不能保持一致,后角过大时,造成下凹;后角过小时,造成上凸
崩裂或塌角	(1)脆性材料錾削尾部时未调头,使棱角崩裂; (2)起錾太多,造成塌角

(八)錾削的安全文明规范

(1)工件在台虎钳上要夹紧,并伸出钳口 10~15 mm,同时下面要加木衬垫。

(2)錾子刃口要保持锋利,錾子头部的毛刺要随时磨去,以免伤手。

(3)当发现手锤木柄有松动或损坏时,要立即装牢或更换;木柄上不得沾油;操作中,握锤的手不得戴手套;錾削中,手锤和錾子不准对着他人,以免工具脱手伤人。

(4)应自然地将錾子握正和握稳,使其倾斜角始终保持在 35°左右。左手握錾子时,前臂要平行于钳口,肘部不要过分下垂或抬高。眼睛的视线要对着工件的錾削部位,不可对着錾子的锤击部位。

(5)錾削时,要注意安全防护,操作者要戴上防护眼镜,以防錾下的碎屑飞出伤人。

(九)錾子的热处理工艺

1. 碳素工具钢化学成分

碳素工具钢中碳的质量分数为 0.65%~1.35%。碳的质量分数越高,则钢的耐磨性越好,而韧性越差。其典型牌号有 T7,T8,T9,T10,T11,T12,T13 等。随着数字的增大,钢的硬度与耐磨性逐渐增加,而韧性逐渐下降。

2. 锻造

锻造时,应选择适当的压缩比,以使钢中的碳化物细化并均匀分布;终锻(或终轧)时,应选择合适的温度。若终锻温度过高,则锻后易形成网状碳化物;若终锻温度过低,则钢的塑性降低,易生成小裂纹。热加工后应快速冷却至 600~700 ℃,然后缓慢冷却至室温,以免析出粗大或网状的碳化物。

3. 热处理方法

热处理的目的是保证錾子切削部分具有较高的硬度和一定的韧性。常用的热处理方法有球化退火、淬火和回火等。

(1)球化退火。其加热温度为 730~800 ℃。加热过程中,一部分渗碳体溶于奥氏体,残留的渗碳体自发地趋于球形以减小表面能;在随后的缓慢冷却过程中,继续析出的渗碳体也接近球状,因而获得细而均匀分布的球状珠光体。

(2)淬火。当錾子的材料为 T7 或 T8 钢时,可把錾子切削部分约 20 mm 长的一端均匀加热至 750~780 ℃(呈樱红色)后迅速取出,并将錾子垂直放入冷水内(浸入深度为 5~6 mm)冷却。

(3)回火。利用錾子本身的余热进行热处理。当淬火的錾子露出水面的部分呈黑色时,应立即将錾子从水中取出,迅速擦去氧化皮,并观察錾子刃部的颜色变化。对一般扁錾,当錾子刃口部分呈紫红色与暗蓝色之间时,将錾子再次放入水中冷却,即可完成錾子的回火处理;对一般尖錾,当錾子刃口部分呈黄褐色与红色之间(褐红色)时,将錾子再次放入水中冷却,完成錾子的回火处理。

(十)实操练习

学生自己设计图样,本着节约成本的原则选取材料进行錾削实操练习。

(1)练习錾削技术要领。
(2)争取达到錾削技术要求。
(3)安全文明操作。

学生在学习錾削技术的基础上完成錾削考核任务,并进行质量检测。(作业图见图 2-77)

(4)完成任务后,填写表 2-12。

表 2-12　錾削加工评分表

制作者姓名	项目					总分 (10分)
	平面度 0.5 mm (1分×2=2分)	垂直度 0.5 mm (1分×2=2分)	距离线条 0.5~1.0 mm (1分×2=2分)	錾削姿势、动作正确自然 (1分×2=2分)	安全文明操作 (2分)	
学生测评						
教师测评						
备注:						

任务思考

（1）说出图 2-98 中錾子的名称及适用场合。

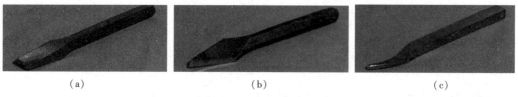

| (a) | (b) | (c) |

图 2-98　錾子类型图

（2）如图 2-99 所示，认识錾子切削部分的几何角度，说出各角度名称及它们之间的关系。

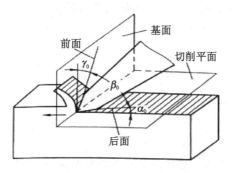

图 2-99　錾子切削部分的几何角度

（3）完成錾子几何角度的选择，填写表 2-13。

表 2-13　錾子几何角度的选择

工件材料	楔角
工具钢、铸铁	
结构钢	
铜、铝、锡	

（4）如图 2-100 所示，说出手锤的组成结构。

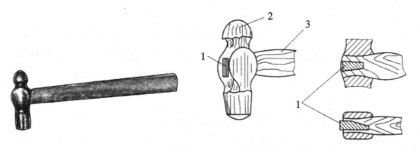

图 2-100　手锤的组成结构

（5）以扁錾为例，说明錾子的刃磨要领及要求。

（6）叙述錾削时錾子的握法、挥锤方法及錾削姿势。

（7）叙述錾平面、錾油槽、錾削板料的方法及质量要求。

（8）叙述錾削时的注意事项。

任务八　锉曲面

任务目标

【知识目标】

（1）明确锉削内、外曲面的方法、要求及适用情况。

（2）掌握锉削内、外曲面的工具选择方法。

【能力目标】

（1）根据不同加工曲面类型，正确选用相适应的锉刀。

（2）能根据曲面加工的不同要求，运用对应的锉削方法进行工件的加工制作。

（3）会对锉出的曲面进行质量检测。

【思政目标】

培养学生安全文明操作的良好习惯及精益求精的品质意识。

任务准备

（1）项目任务书、教材、曲面锉削技术操作视频等资源。

（2）钳工锉削需要的实训设备、材料，以及工、量、刃具。

（3）读懂项目任务书6：

完成U形板作业图（见图2-1）中R10两个外圆弧和R6内圆弧的加工作业，并达到图样要求。

任务导学

同学们，之前你们已经学习了锉削的基础知识，并且进行了平面锉削技术的实操训练。可以知道，工件的形状是千差万别的，轮廓面不但有平面，而且有各种类型的曲面，那么如何用钳工方法加工曲面呢？

请大家回答下列问题。

（1）你见过的曲面有哪些？最基础的曲面是什么？

（2）锉削外曲面使用什么工具？

（3）锉削内曲面使用什么工具？

知识链接

一、锉外圆弧面

(1)工具：板锉。

(2)方法。

① 对着圆弧面锉，也称横向锉，如图 2-101(a)，适用于粗锉。

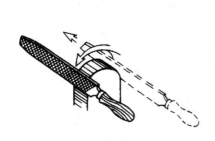

(a)对着圆弧面锉　　　　　　　　　(b)顺着圆弧面锉

图 2-101　外圆弧面锉削

② 顺着圆弧面锉，也称顺向锉，如图 2-101(b)，适用于精锉。

(3)要求：形成曲面的素线直线度、曲面线轮廓度、位置精度、表面粗糙度及纹理要求。

二、锉内圆弧面

锉曲面

(1)工具：圆锉、半圆锉。

(2)方法：锉削时，锉刀要同时完成三个运动，即前进运动、顺圆弧面向左或向右转动、绕锉刀中心线转动。只有三个运动协调完成，才能锉好内圆弧面，见图 2-102。

图 2-102　内圆弧面锉削

① 对着圆弧面锉，也称横向锉，适用于粗锉。

② 顺着圆弧面锉，也称顺向锉，适用于精锉。

③ 要求：形成曲面的素线直线度、曲面线轮廓度、位置精度、表面粗糙度及纹理

要求。

三、球面锉削

球面锉削是外圆弧面锉削方法中的顺向锉与横向锉的有机结合，如图 2-103 所示。

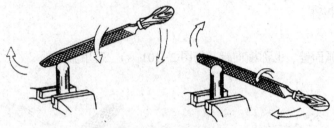

图 2-103　球面锉削

完成任务后，填写表 2-14。

表 2-14　锉曲面评分表

制作者姓名	项目										安全文明习惯	总分
	外圆弧面(两个)					内圆弧面						
	一	⊥	⌒	R10	Ra3.2	一	⊥	⌒	R6	Ra3.2		
	(2分)	(2分)	(2分)	(2分)	(2分)	(1分)	(1分)	(1分)	(1分)	(1分)	(5分)	(30分)
学生测评												
教师测评												

备注：

任务思考

（1）锉削内、外曲面时各用何种类型的锉刀？

（2）锉削外曲面有几种方法？各适用于何种情况？锉削时有哪些技术要求？如何检测？

（3）锉削内曲面有几种方法？各适用于何种情况？锉削时有哪些技术要求？如何检测？

（4）如何锉削球面？

任务九　孔加工

任务目标

【知识目标】

(1)理解孔加工的含义及作用。

(2)明确孔加工所用的夹具、刃具和设备。

(3)掌握标准麻花钻的结构、刃磨要求、刃磨方法。

(4)掌握划线钻孔、扩孔、锪孔、铰孔等孔加工方法。

(5)了解钻孔、铰孔时可能出现的问题和产生的原因。

【能力目标】

(1)能正确选用孔加工设备、夹具、刃具进行孔加工操作。

(2)重点掌握平面划线钻孔方法。

(3)会对麻花钻进行正确刃磨。

【思政目标】

使学生严格遵守钻床工的操作规程,树立安全意识。

任务准备

(1)项目任务书、教材、孔加工技术操作视频等资源。

(2)孔加工需要的实训设备、材料,以及工、量、刃、夹具。

(3)读懂项目任务书7:

完成U形板作业图(见图2-1)中的孔加工任务。

任务导学

(1)U形板作业图中有哪些孔加工任务?各有什么要求?需要使用哪些设备及工、夹、刃具?

(2)你认识麻花钻、铰刀、锪钻吗?知道它们的用途吗?会正确操作它们吗?

(3)标准麻花钻的结构是什么样的?为了节约成本,磨钝后的麻花钻需要重新刃磨再使用,你觉得应该掌握哪些刃磨操作要领呢?

(4)如何进行平面划线钻孔?划线钻孔的方法和步骤有哪些?

(5)扩孔、铰孔、锪孔的工作内容有哪些?

(6)孔加工时的注意事项有哪些?

（7）认真阅读项目任务书，分析理解并明确学习任务，列出任务清单。

（8）列出所需设备及工、量、夹、刃具的清单，制订学习实施计划。

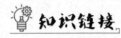 知识链接

一、孔加工

孔加工是钳工的重要操作技能之一，是指使用孔加工设备、夹具、刀具加工出孔，或者对已加工的孔再切削加工的操作。孔加工包括钻孔、扩孔、铰孔、锪孔等，如图2-104所示。

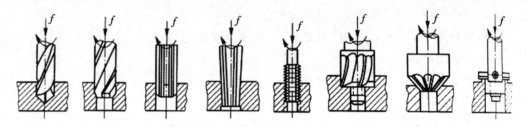

(a)钻孔　(b)扩孔　(c)铰圆柱孔　(d)铰圆锥孔　(e)攻丝　(f)锪圆柱孔　(g)锪圆锥孔　(h)锪端面

图2-104　孔加工及其应用

（一）钻孔

用钻头在实心材料上加工出孔的操作称为钻孔。钻孔的工作多数是在各种钻床上进行的。钻孔时，工件固定不动；钻头装在钻床主轴内，一边旋转，一边沿钻头轴线方向切入工件内，钻出钻屑。因此，钻头的运动是由切削运动和进给运动合成的，如图2-105所示。

钻孔

图2-105　钻孔

（1）切削运动。它是主运动，是钻头绕本身轴线的旋转运动，使钻头沿着圆周进行切削。

（2）进给运动。它是进刀运动，是钻头沿轴线方向的前进运动，使钻头切入工件，连续地进行切削。

钻孔是粗加工，精度为IT11~IT12，表面粗糙度为$Ra = 12.5\ \mu m$。

（二）扩孔

扩孔

用扩孔工具将工件上已经加工出的孔径扩大的操作称为扩孔，如图2-104（b）所示。其公差可达IT9~IT10级，表面粗糙度为$Ra = 3.2\ \mu m$，加工余量为0.5~4.0 mm。因此，扩孔常作为孔的半精加工和铰孔前的预加工。

（三）铰孔

铰孔

用铰刀对孔进行精加工的操作称为铰孔。铰孔和钻孔、扩孔一样，都是由刀具本身的尺寸来保证被加工孔的尺寸的，但铰孔的精度要高得多，是孔的精加工方法之一。铰孔时，铰刀从工件孔壁上切除微量金属层，以提高其尺寸精度和减小其表面粗糙度。铰孔常用作直径不太大、硬度不太高的工件孔的精加工，也可用于磨孔或研孔前的预加工。如图2-104（c）和图2-104（d）所示。

铰孔加工精度可达IT7~IT9级，表面粗糙度一般为$Ra = 1.6~0.8\ \mu m$。

（四）锪孔

锪孔

用锪孔钻在孔口表面或端面进行各种成行加工的操作称为锪孔，如图2-104（f）至图2-104（h）所示。锪孔形成的结构用于螺纹孔加工、螺纹连接件装配、铆钉连接等。

二、孔加工工具

钻孔刀具是钻头，钻头多为双刃或多刀刃结构，其切削刃按照中心轴线对称排列，主要有麻花钻、扩孔钻、锪钻、铰刀等。钻孔刀具分为整体式和装配式两种。其中，应用最广泛的是麻花钻。

（一）麻花钻

1. 麻花钻的结构

麻花钻一般用工具钢、高速钢（如W18Cr4V）制成，淬火后硬度为62~68 HRC。麻花钻主要由柄部、颈部和工作部分组成，如图2-106所示。

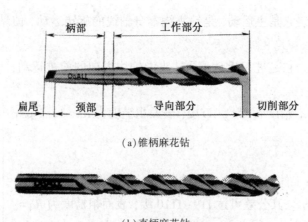

（a）锥柄麻花钻

（b）直柄麻花钻

图 2-106 麻花钻的结构

（1）柄部：用来夹持、定心和传递动力，有柱柄和锥柄两种。直径小于 13 mm 的钻头通常做成柱柄，直径大于 13 mm 的钻头做成锥柄。

（2）颈部：工作部分和柄部之间的连接部分，上面一般刻有钻头的规格和标号。

（3）工作部分：主要包括导向部分和切削部分。导向部分在钻削时起引导钻头方向的作用，同时是切削部分的后备部分，它由两条对称分布的螺旋槽和刃带组成。螺旋槽的作用是形成合适的切削刃空间，并起排屑和输送切削液的作用。刃带的作用是引导钻头在钻孔时保持钻削方向，使之不偏斜。为了减少钻头与孔壁间的摩擦，导向部分有一定的倒锥。

2. 切削部分的结构

麻花钻的切削部分担负着主要的切削工作，其结构如图 2-107 所示，俗称 5 刃 6 面。

（a）实物 （b）结构

图 2-107 麻花钻的切削部分

（1）前刀面：钻头螺旋槽的表面，其作用是形成切削刃，排除切屑，输入冷却液。

（2）主后刀面：切削部分顶端的两个曲面，它与工件加工表面相对。

（3）副后刀面：钻头外圆柱面上的螺旋形棱面，它是与已钻出孔壁部分相对应的面。

（4）主切削刃：担任主要切削任务，是前刀面与主后刀面的交线。

（5）副切削刃：前刀面与副后刀面的交线，又称棱刃，对已切削孔壁具有修光作用。

（6）横刃：两个主后刀面的交线，在起钻时具有定心作用。横刃太短时，钻头强度低；横刃太长时，钻削阻力增大，钻头会产生过热现象，使钻头磨损加快。

（7）钻心：钻头工作部分沿轴心线的实心部分，其作用是连接两个螺旋形刃瓣和保持钻头强度。

（二）扩孔钻

1. 扩孔钻的结构

扩孔钻的形状、结构与麻花钻相似，不同的是它有 3~4 个刃带，无横刃。扩孔钻按照刀体结构不同，可分为整体式和镶片式两种；按照装夹方式不同，可分为直柄、锥柄和套式三种。常用扩孔钻的结构如图 2-108 所示。必要时，麻花钻也可用于扩孔。

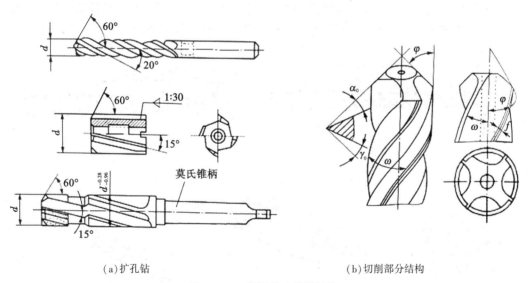

（a）扩孔钻　　　　　　　　　　　　　　　　（b）切削部分结构

图 2-108　常用扩孔钻的结构

2. 扩孔钻的结构特点

（1）导向性好。扩孔钻有较多的切削刃，即有较多的刀齿棱边刃，切削较为平稳。

（2）可以增大进给量和提高加工质量。由于扩孔钻的钻心较粗，具有较好的刚度，故其进给量为钻孔时的 1.5~2.0 倍，但切削速度应为钻孔时的 1/2 左右。

（3）吃刀深度小，排屑容易，加工表面质量较好。

（三）锪钻

锪钻是两刃或多刃的切削工具，有专制的或由麻花钻通过刃磨改制而成的。锪钻主要有圆锥锪钻、圆柱锪钻、端面锪钻等，如图 2-109 所示。

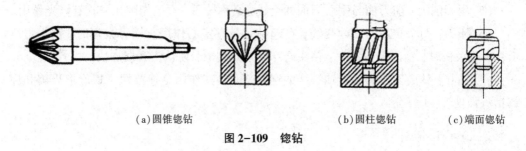

（a）圆锥锪钻　　　　　　　　（b）圆柱锪钻　　　（c）端面锪钻

图 2-109　锪钻

（四）铰刀

1. 铰刀的种类

铰刀是铰孔的刀具。铰刀一般分为手用铰刀[图 2-110(a)]和机用铰刀如图[图 2-110(b)]两种。常用铰刀有套式机用铰刀[图 2-110(c)]、可调手用铰刀[图 2-110(d)]、锥度铰刀[图 2-110(e)]、螺旋槽铰刀及硬质合金铰刀等。

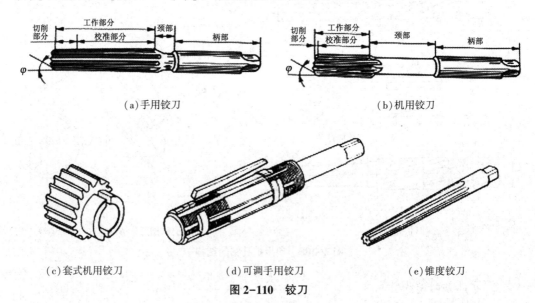

（a）手用铰刀　　　　　　　　　　　（b）机用铰刀

（c）套式机用铰刀　　（d）可调手用铰刀　　（e）锥度铰刀

图 2-110　铰刀

2. 铰刀的结构特点

铰刀由柄部、颈部和工作部分组成。柄部用于装夹、传递扭矩和进给力，有直柄和锥柄两种形式。颈部用于磨制铰刀时砂轮的退刀，同时可用于刻印商标和规格。工作部分可分为切削部分和校准部分。

（1）切削部分。在切削部分磨有切削锥角（φ）。切削锥角决定了铰刀切削部分的长度，对切削时进给力的大小、铰削质量和铰刀寿命都有较大的影响。一般手用铰刀取 $\varphi = 30' \sim 1°30'$，以提高定心作用，减小进给力。机用铰刀铰削碳钢及塑性材料通孔时，取 $\varphi = 15°$；铰削铸铁及脆性材料时，取 $\varphi = 3° \sim 5°$；铰不通孔时，取 $\varphi = 45°$。

（2）校准部分。主要用来导向和校准铰孔的尺寸，也是铰刀磨损后的备磨部分。

铰刀齿数一般为 6~16 齿，可使铰刀切削平稳、导向性好。为克服铰孔时出现的周期性振纹，手用铰刀通常采用不等距分布刀齿。

3. 手用铰刀与机用铰刀的区别

（1）柄部的区别：手用铰刀的柄部有四方形状，用于安装铰杠；机用铰刀的柄部一般是圆柱形或带有莫氏锥度。

（2）头部的区别：手用铰刀头部校准部分较长，导向部分呈锥形；机用铰刀头部校准部分较短。

三、孔加工方法与技术

（一）钻孔

1. 麻花钻的刃磨

钻头刃磨的目的，是要把钝了或损坏的切削部分刃磨成正确的几何形状，使钻头保持良好的切削性能。钻头的切削部分，对于钻孔质量和效率有直接影响。因此，钻头的刃磨是一项重要的工作，必须掌握好。钻头的刃磨大都在砂轮机上进行。

（1）标准麻花钻的刃磨要求。

① 顶角 2φ（两个主切削刃之间的夹角）为 $118° \pm 2°$。

② 外缘处的后角 α_0（后刀面与切削平面之间的夹角）为 $10° \sim 14°$。

③ 横刃斜角 Ψ（横刃与主切削刃之间的夹角）为 $50° \sim 55°$。

④ 两主削刃长度及与钻头轴心线组成的两个角（φ）要相等，否则将使钻出的孔扩大或歪斜；同时，由于主切削刃所受的切削抗力不均衡，造成钻头振摆，从而加剧磨损。

（2）标准麻花钻的刃磨及检验方法。

① 两手握法。刃磨时，右手握住钻头的头部，左手握住柄部，使钻头的中心线与砂轮母线在水平面内的夹角等于钻头顶角 2φ 的一半，被刃磨部分的主切削刃处于水平位置，如图 2-111（a）所示。

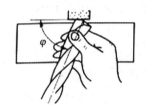

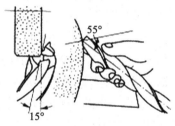

（a）磨主切削刃 　　　　　　　（b）修磨横刃

图 2-111　麻花钻钻头的刃磨

② 刃磨动作。让主切削刃在略高于砂轮水平中心平面处先接触砂轮，右手缓慢地使钻头绕自己的轴线由下向上转动，同时施加适当的刃磨压力；左手再配合右手做缓慢的同步上下摆动，下摆时压力逐渐增大，上摆时压力逐渐减小，这样就能使整个后面都能磨到，且磨出需要的后角。此外，应适当做右移运动，使钻头在近中心处磨出较大后角。如此反复，两后面经常轮换，直至达到刃磨要求的角度。

③ 钻头冷却。钻头刃磨时压力不宜过大，并要及时蘸水冷却，以防过热退火而降低其硬度。

④ 刃磨检验。钻头刃磨过程中要及时用检验样板、角尺或用目测法检验顶角、两条主切削刃的长度、横刃斜角、后角，使其符合刃磨要求。

⑤ 修磨横刃。钻头修磨横刃的目的是使横刃适当变短，从而在钻削中易于定心，减少过热和磨损。修磨时，钻头轴线在水平面内与砂轮侧面左倾成约 15°夹角，在垂直平面内与刃磨点的砂轮半径方向下倾成约 55°夹角，如图 2-111（b）所示。

2. 平面划线钻孔方法

（1）划孔位的"+"中心线。

（2）敲样冲眼，要小、要准。

（3）划检查圆，半径大时多划几个，精度高时划正方方框，如图 2-112 所示。

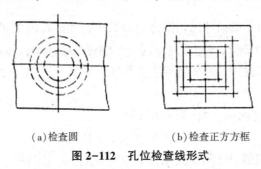

（a）检查圆　　　　　　（b）检查正方方框

钻孔前的划线

图 2-112　孔位检查线形式

（4）将样冲眼敲大。

（5）正确装夹待钻孔工件，如图 2-113 所示。

工件钻孔时，要根据工件的不同形体及钻削力的大小（或钻孔的直径大小）等情况，采用不同的装夹（定位和夹紧）方法，以保证钻孔的质量和安全。常用的基本装夹方法如下。

① 平整的工件可用平口钳装夹，如图 2-113（a）所示。装夹时，应使工件表面与钻头垂直。钻直径大于 8 mm 的孔时，必须将平口钳用螺栓、压板固定。用台虎钳夹持工件钻通孔时，工件底部应垫上垫铁，空出落钻部位，以免钻坏台虎钳。

② 圆柱形的工件可用 V 形铁对工件进行装夹，如图 2-113（b）所示。装夹时，应使钻头轴心线垂直通过 V 形铁的对称平面，保证钻出孔的中心线通过工件轴心线。

③ 对于较大的工件且其钻孔直径在 10 mm 以上的，可用压板夹持的方法进行钻孔，如图 2-113（c）所示。

在搭压板时应注意以下几点。

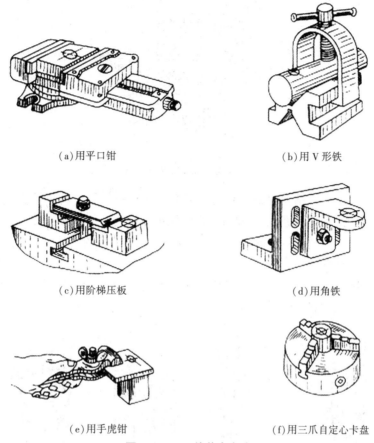

（a）用平口钳　　　　　　　　　　（b）用V形铁

（c）用阶梯压板　　　　　　　　　　（d）用角铁

（e）用手虎钳　　　　　　　（f）用三爪自定心卡盘

图2-113　工件装夹方法

❖压板厚度与压紧螺栓直径的比例适当，不要造成压板弯曲变形，从而影响压紧力。

❖压板螺栓应尽量靠近工件，垫铁应比工件压紧表面高度稍高，以保证对工件有较大的压紧力和避免工件在夹紧过程中移动。

❖当压紧表面为已加工表面时，要用衬垫进行保护，防止压出印痕。

④底面不平或加工基准在侧面的工件，可用角铁进行装夹，如图2-113（d）所示。由于钻孔时的轴向钻削力作用在角铁安装平面之外，故角铁必须用压板固定在钻床工作台上。

⑤在小型工件或薄板件上钻小孔，可将工件放置在定位块上，用手虎钳进行夹持，如图2-113（e）所示。

⑥在圆柱工件端面钻孔，可利用三爪自定心卡盘进行装夹，如图2-113（f）所示。

（6）正确装卸钻头。

①钻夹头。它是用来夹持尾部为圆柱体钻头的夹具，如图2-114所示。它在夹头的三个斜孔内装有带螺纹的夹爪，夹爪螺纹和装在夹头套筒的螺纹相啮合，旋转套筒使三个爪同时张开或合拢，可将钻头卸下或夹住。

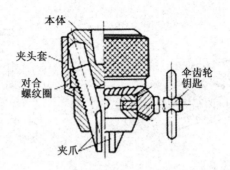

图 2-114 钻夹头

② 钻夹套和楔铁。钻夹套是用来装夹圆锥柄钻头的夹具。由于钻头或钻夹头尾锥尺寸大小不同，为了适应钻床主轴锥孔，常常用锥体钻夹套作过渡连接。套筒以莫氏锥度为标准，由不同尺寸组成。楔铁是用来从钻套中卸下钻头的工具。

③ 钻头的装夹方法。

❖直柄钻头一般用钻夹头安装，利用钻夹头钥匙旋转外套，使三只卡爪移动，从而实现钻头的装卸，如图 2-115(a)所示。

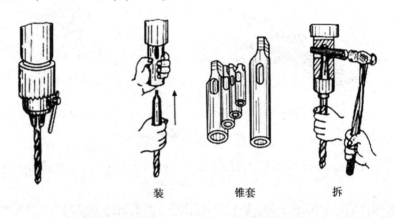

装　　　　　锥套　　　　拆

(a)直柄钻头的装夹　　　　　　(b)锥柄钻头的装夹

图 2-115 钻头的装夹

❖锥柄钻头可以直接装入钻床主轴孔内，较小的钻头可用过渡套筒安装。钻头或过渡套筒的拆卸方法如下：将楔铁带圆弧的边向上插入钻床主轴侧边的锥形孔内，左手握住钻头，右手用锤子敲击楔铁使钻头与套筒或主轴分离，如图 2-115(b)所示。

(7)钻床主轴转速的选择。

① 钻削用量组成。

❖切削速度。它是指钻孔时钻头外缘上某点的线速度，用符号 v 表示，单位为 m/min，其计算公式为

$$v = \pi D \frac{n}{1000} \tag{2-1}$$

式中，D——钻头直径，mm；

n——钻床主轴转速，r/min。

❖进给量。它是指主轴每转一转，钻头沿轴线的相对移动量，用符号 f 表示，单位为 mm/r。

❖切削深度。它是指已加工表面与待加工表面之间的垂直距离，用符号 p 表示，单位为 mm。对钻削而言，$p=D/2$。

② 钻削用量的选择原则。

❖钻削速度的选择。钻削速度对钻头的寿命影响较大，应选取一个合理的数值。在实际应用中，钻削速度往往按照经验数值选取，如表 2-15 所列。

表 2-15　标准麻花钻的钻削速度

钻削材料	钻削速度/(m·min⁻¹)	钻削材料	钻削速度/(m·min⁻¹)
铸铁	12~30	合金钢	10~18
中碳钢	12~22	铜合金	30~60

❖进给量的选择。当孔的表面粗糙度要求较低和精度要求较高时，应选择较小的进给量；当钻孔较深而钻头较长时，也应选择较小的进给量。常用标准麻花钻的进给量如表 2-16 所列。

表 2-16　标准麻花钻的进给量

钻头直径(D)/mm	<3	3~6	6~12	12~25	>25
进给量(f)/(mm·r⁻¹)	0.025~0.05	0.05~0.10	0.10~0.18	0.18~0.38	0.38~0.62

③ 确定钻床转速。根据工件材料，由表 2-15，结合材料的硬度和强度确定钻削所需的切削速度；材料的强度和硬度高时取小值，钻孔直径较小时也取较小值。依据钻头直径和所选的切削速度，代入式(2-1)，计算出钻头所需的转速，再以此为依据将钻床调节到所需挡位。

（8）切削液的选择。

为了使钻头散热冷却，减少钻削时钻头与工件、切屑之间的摩擦，降低切削阻力，提高钻头寿命和改善加工孔表面的质量，钻孔时，应加注适当比例的乳化液作为冷却润滑的切削液。钻钢件时，可用机油作切削液；钻铝件时，可用煤油作切削液。

（9）正确起钻。其目的是使钻头中心正对欲钻孔的孔中心，如有偏斜应及时纠正，如图 2-116 所示。

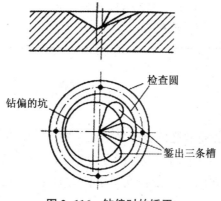

图 2-116　钻偏时的矫正

(10)正式钻削。注意钻削过程要冷却，防止钻头退火，注意遵守钻床工安全操作规程。

(11)收钻。钻削压力逐渐减小，钻孔达到要求后退出钻头，停车，断电。

3. 钻孔常见缺陷分析

钻孔常见缺陷分析如表 2-17 所列。

表 2-17　钻孔常见缺陷分析

出现的问题	产生的原因
孔径大于规定尺寸	(1)钻头两切削刃长度不等、高低不一致； (2)钻床主轴径向偏摆，或工作台未锁紧，有松动； (3)钻头本身弯曲或装夹不好，使钻头有过大的径向圆跳动
孔壁表面粗糙	(1)钻头两切削刃不锋利； (2)进给量太大； (3)切屑堵塞在螺旋槽内，擦伤孔壁； (4)切削液供应量不足或选用不当
孔位超差	(1)工件划线不正确； (2)钻头横刃太长导致定心不准； (3)起钻过偏而没有校正
孔的轴线歪斜	(1)钻孔平面与钻床主轴不垂直； (2)工件装夹不牢，钻孔时产生歪斜； (3)工件表面有气孔、砂眼； (4)进给量过大，使钻头产生变形
孔不圆	(1)钻头两切削刃不对称； (2)钻头后角过大
钻头寿命低或折断	(1)钻头磨损后仍继续使用； (2)切削用量选择过大； (3)钻孔时没有及时排屑，使切屑阻塞在钻头螺旋槽内； (4)工件未夹紧，钻孔时产生松动； (5)孔将要钻通时没有减小进给量； (6)切削液供给不足

(二)铰孔

1. 铰刀的选用

(1)铰刀的直径。根据待铰孔的直径确定铰刀的直径规格。

(2)铰刀的精度。标准铰刀的公差等级分为 h7，h8，h9 三个级别。根据待加工孔的精度要求选择相应精度的铰刀。铰削精度要求较高的孔时，必须先对新铰刀进行研磨，再进行铰孔。

2. 底孔直径的确定

铰削加工前，底孔的直径由钻削底孔的钻头直径确定，故铰孔前钻削底孔时须根据式(2-2)确定所需钻头规格：

$$底孔钻头的直径 = 铰孔直径 - 铰削余量 \qquad (2-2)$$

式中，铰削余量是指由上道工序(钻孔或扩孔)留下来的在直径方向的待加工量。

铰削余量的确定应综合考虑工件需铰孔的尺寸精度、表面质量、铰孔直径的大小、材料的软硬和铰刀的类型等因素，根据表2-18选择。

表2-18 铰削余量

铰孔直径/mm	0~5	5~20	21~32	33~50	51~70
铰削余量/mm	0.1~0.2	0.2~0.3	0.4	0.5	0.8

3. 切削液的选用

铰削形成的细碎切屑易黏附在刀刃上，甚至夹在孔壁与铰刀校准部分的棱边之间，会将已加工表面刮毛，影响表面质量和尺寸精度。另外，在铰削过程中产生的热量积累过多，也易引起工件和铰刀的变形，从而降低铰刀的寿命。因此，在铰削过程中，应选择适当的切削液进行冷却和润滑，冲洗切屑。铰孔时，切削液应根据工件材料进行选用，见表2-19。

表2-19 铰孔时切削液的选用

工件材料	切削液
钢材	(1)10%~20%乳化液； (2)铰孔精度要求较高时，采用30%菜籽油加70%乳化液； (3)高精度铰孔时，用菜籽油、柴油、猪油等
铸铁	(1)可以不用切削液； (2)煤油，但会引起孔径缩小，最大收缩量可达0.02~0.04 mm； (3)低浓度乳化液
铜	3%~5%的乳化液
铝	煤油
不锈钢	食醋

4. 铰孔操作

(1)手动铰孔的操作要点。

① 根据铰孔直径及铰削余量确定底孔直径，加工底孔。

② 检查铰刀的质量和尺寸，用合适的铰杠(图2-117)装夹铰刀。工件夹持要夹正、夹牢且不变形。

③ 起铰时，用右手沿铰孔轴线方向上施加压力，左手转动铰刀。两手用力要均匀。保持铰刀平稳，避免孔口呈喇叭形或将孔径扩大。

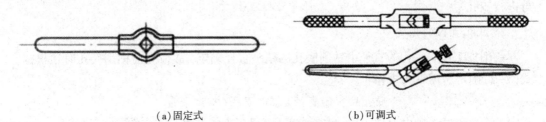

(a)固定式　　　　　　　　　　　　(b)可调式

图 2-117　常用铰杠

④ 两手用力要平衡,轻轻用力下压,按照顺时针方向转动(任何时候都不能反转)铰刀。每次停顿时不要处在同一方位。

⑤ 进给量的大小和转动速度要适当、均匀,并不断地加入切削液。

⑥ 铰削过程中,若刀转不动,不能强硬扳转铰刀,否则会崩裂刀刃或折断铰刀,而应小心地抽出铰刀,检查是否被切屑卡住或遇到硬点,并及时清除粘在刀齿上的切屑。

⑦ 铰孔完成后,要按照顺时针方向旋转并退出铰刀,不论是进刀还是退刀都不能反转,以防拉毛孔壁和崩裂刀刃。

(2)机动铰孔的操作要点。

① 机动铰孔时,要注意机床主轴、铰刀、工件底孔三者之间的同轴度是否符合要求,必要时可采用浮动装夹。应尽量使工件在一次装夹过程中完成钻孔、扩孔、铰孔的全部工序,以保证铰刀中心与孔中心的一致性。

② 切削速度(v)和进给量(f)的选择要适当。用高速钢铰刀铰削钢件时,$v=4\sim8$ m/min,$f=0.5\sim1.0$ mm/r;铰削铸铁件时,$v=6\sim8$ m/min,$f=0.5\sim1.0$ mm/r;铰削铜件时,$v=8\sim12$ m/min,$f=1.0\sim1.2$ mm/r。

③ 铰削通孔时,铰刀的校准部分不能全部超过工件的下边,否则,容易将孔出口处划伤或划坏孔壁。

④ 铰削盲孔时,应经常退出铰刀,清除切屑。

⑤ 铰孔时,要及时加注润滑冷却液。

⑥ 铰孔完成后,必须待铰刀退出后再停车,避免铰刀将孔壁拉出刀痕。

5. 铰孔常见缺陷分析

铰孔常见缺陷分析如表 2-20 所列。

表 2-20　铰孔缺陷分析

缺陷形式	产生原因
加工表面粗糙度很差	(1)铰孔余量不恰当; (2)铰刀刃口有缺陷; (3)切削液选择不当; (4)切削速度过高; (5)铰孔完成后反转退刀
孔壁表面有明显棱面	(1)铰孔余量留得过大; (2)底孔不圆

表2-20（续）

缺陷形式	产生原因
孔径缩小	(1)铰刀磨损，直径变小； (2)铰铸铁时未考虑尺寸收缩量； (3)铰刀变钝
孔径扩大	(1)铰刀规格选择不当； (2)切削液选择不当或量不足； (3)手动铰孔时，两手用力不均； (4)铰削速度过高； (5)机动铰孔时，主轴偏摆过大，或铰刀中心与钻孔中心不同轴

下面在练习的基础上完成工作任务（见图2-1），并填写表2-21。

表 2-21　孔加工评分表

制作者姓名	项目					总分 （15分）
	钻孔孔位			铰孔	锪孔	
	$\phi 5.5_0^{+0.10}$ （3分）	$\phi 10_0^{+0.06}$ （3分）	M8 （3分）	$\phi 10_0^{+0.06}$ （3分）	$\phi 10_0^{+0.20}$ （3分）	
学生测评						
教师测评						

备注：

 **任务思考**

(1)说出孔加工包含哪些工作内容。

(2)说出麻花钻的组成结构及刃磨要领，并能进行正确刃磨。

(3)说出划线钻孔的方法和步骤，并能熟练操作。

(4)叙述孔加工时工件的装夹方法、种类及适用情况。

(5)叙述钻孔、铰孔时可能出现的问题和产生原因，以及安全操作常识。

任务十　螺纹加工

任务目标

【知识目标】

(1)理解内、外螺纹的含义、结构和类型。

(2)认识螺纹加工所用的工具及作用。

(3)会确定攻螺纹时的底孔直径、盲孔深度和套螺纹时的圆杆直径。

(4)掌握攻、套螺纹的方法和步骤。

(5)了解攻、套螺纹时可能出现的问题及原因。

【能力目标】

(1)能正确使用丝锥、绞杠、板牙和板牙架等攻、套螺纹。

(2)能分析攻、套螺纹时产生的问题及原因。

【思政目标】

使学生树立安全意识,确保文明操作。

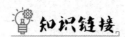

任务准备

(1)项目任务书、教材、螺纹加工技术操作视频等资源。

(2)螺纹加工需要的实训设备、材料,以及工、量、刃、夹具。

(3)读懂项目任务书8:

完成 U 形板作业图(图 2-1)中的螺纹加工任务。

任务导学

(1)在 U 形板作业图中,你能否找到螺纹加工任务? 会区分内、外螺纹吗? 你见过的螺纹有哪些类型? 怎样去描述它的结构?

(2)应用钳工方法加工螺纹用什么工具?

(3)加工螺纹的方法有哪些? 如何操作?

(4)螺纹加工制作前需要做哪些准备工作?

(5)攻、套螺纹时可能出现的问题有哪些?

(6)认真阅读项目任务书,分析理解并明确学习任务,列出任务清单。

(7)列出所需设备和工、夹、刃具清单,制订学习实施计划。

知识链接

一、螺纹基础知识

(一)螺纹的形成

如图 2-118 所示,用一定的加工方式,在圆柱体(或圆锥体)内、外表面沿着螺旋线加工形成的具有相同断面的连续凸起和沟槽的立体结构,称为螺纹。凸起是指螺纹两侧面的实体部分,又称牙。在圆柱体(或圆锥体)外表面形成的螺纹叫外螺纹,内表面形成的螺纹叫内螺纹。

（a）外螺纹（螺栓）　　　（b）内螺纹（螺母）　　　（c）螺纹装配（螺栓连接）

图 2-118　螺纹

（二）螺纹五要素

牙型、直径、线数、螺距（或导程）、旋向称为螺纹的五要素，它们确定了螺纹的结构和尺寸。实际应用中，内、外螺纹总是成对使用的。当内、外螺纹配合时，两者的五要素必须相同，才能正常旋合。

1. 螺纹牙型

在通过螺纹轴线的断面上，螺纹的轮廓形状，称为螺纹牙型，如图 2-119（a）所示。它由牙顶、牙底和两牙侧组成，相邻两牙侧面间的夹角称为牙型角。常见的螺纹牙型有三角形、梯形、锯齿形和矩形等多种，如图 2-119（b）（c）（d）所示。不同的螺纹牙型，有不同的用途。

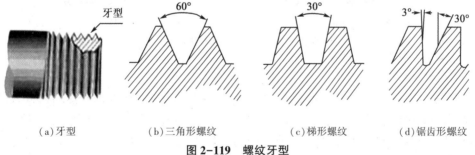

（a）牙型　　　　（b）三角形螺纹　　　　（c）梯形螺纹　　　　（d）锯齿形螺纹

图 2-119　螺纹牙型

2. 螺纹直径

螺纹直径有大径、中径、小径之分，如图 2-120 所示。

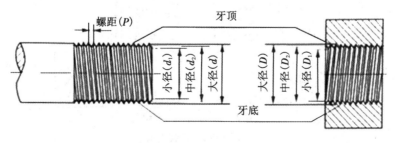

图 2-120　内外螺纹直径

（1）大径（公称直径）。它是与外螺纹牙顶或内螺纹牙底相切的假想圆柱（或圆锥）的直径。内、外螺纹的大径分别用 D，d 表示。管螺纹的公称直径用管子的内径表示。

（2）小径。它是指与外螺纹牙底或内螺纹牙顶相切的假想圆柱（或圆锥）的直径。内、外螺纹的小径分别用 D_1，d_1 表示。

（3）中径。它是指中径圆柱（或中径圆锥）的直径。该圆柱（或圆锥）的母线通过圆柱（或圆锥）螺纹上牙厚和牙槽宽相等的地方。内、外螺纹的中径分别用 D_2，d_2 表示。

内螺纹的小径 D_1 和外螺纹的大径 d 统称为顶径，内螺纹的大径 D 和外螺纹的小径 d_1 统称为底径。

3. 螺纹线数（又称头数）

只有一个起始点的螺纹为单线螺纹，具有两个或两个以上起始点的螺纹称为多线螺纹。螺纹的线数用 n 表示。

4. 螺距（P）和导程（P_h）

相邻两牙体对应牙侧与中径线相交两点间的轴向距离称为螺距。同一螺纹线上相邻两牙侧与中径线相交两点间的轴向距离，称为导程。由图 2-121 可知，螺距和导程的关系如下：单线螺纹为 $P_h = P$，多线螺纹为 $P_h = nP$。

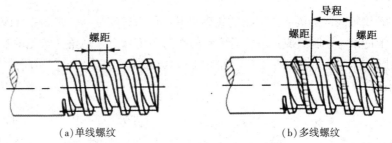

（a）单线螺纹　　　　　　　　　　（b）多线螺纹

图 2-121　螺纹线数与螺距、导程

5. 旋向

螺纹分右旋和左旋两种，如图 2-122 所示。沿轴线方向看，顺时针旋转时旋入的螺纹，称为右旋螺纹；逆时针旋转时旋入的螺纹，称为左旋螺纹。判断螺纹旋向时，也可将螺杆垂直放置：若螺旋线左低右高，则为右旋螺纹；若螺旋线左高右低，则为左旋螺纹。

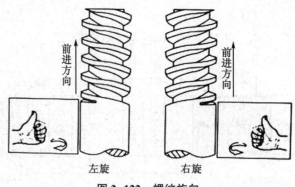

左旋　　　　　　　右旋

图 2-122　螺纹旋向

(三)常用螺纹种类及表示方法

1. 螺纹分类

(1)螺纹按照其截面形状(牙型)分为三角形螺纹、矩形螺纹、梯形螺纹和锯齿形螺纹等。其中,三角形螺纹主要用于连接,矩形、梯形和锯齿形螺纹主要用于传动。在圆柱母体上形成的螺纹叫圆柱螺纹,在圆锥母体上形成的螺纹叫圆锥螺纹。

(2)螺纹按照螺旋线方向分为左旋和右旋两种,一般用右旋螺纹。

(3)螺纹按照螺旋线的条数可分为单线螺纹和多线螺纹,连接用的多为单线螺纹;传动时要求进升快或效率高的,多采用双线或多线螺纹,但一般不超过四线。

(4)螺纹按照用途可分为紧固螺纹、管螺纹、传动螺纹等。

2. 螺纹的表示

螺纹的种类及其特性用代号表示,如表2-22所列。

表2-22 常用螺纹的种类及其代号

种类			特征代号	代号示例	用途
紧固螺纹	普通螺纹	粗牙	M	M8-L-LH	最常用的连接螺纹
		细牙		M6×0.75-5h6h-LH	用于细小或精密的薄壁件
管螺纹	55°螺纹密封管螺纹	圆柱内螺纹	R_p	R_p1	用于水管、气管、油管等薄壁管件,用于管路的连接,其中尺寸代号表示管子内径(英寸)
		圆锥内螺纹	R_C	$R_C1/2$-LH	
		圆锥外螺纹	R_1(与R_p配合)	R_11	
			R_2(与R_C配合)	$R_21/2$-LH	
	55°非螺纹密封管螺纹		G	G3/8A	
传动螺纹	梯形螺纹		Tr	Tr40×14(P7)LH-8c-L	用于各种机床的丝杠,传递动力和运动
	锯齿形螺纹		S	S70×10	只能传递单向动力

(四)螺纹的加工

螺纹除用机械加工外,还可以由钳工在装配和维修中用手工加工而成。

用丝锥在工件孔的内壁上加工出内螺纹的操作方法称为攻螺纹,也称攻丝,如图

2-123(a)所示。

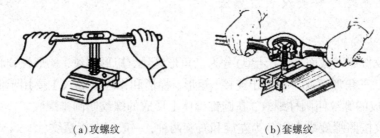

(a)攻螺纹　　　　　　　(b)套螺纹

图 2-123　攻螺纹与套螺纹

用板牙在圆杆的外表面上加工出外螺纹的操作方法称为套螺纹，也称套丝或套扣，如图 2-123(b)所示。

二、攻螺纹(攻丝)

(一)攻螺纹的工具

1. 丝锥

(1)丝锥的构造。

丝锥是加工内螺纹的工具。丝锥的构造如图 2-124 所示，其实质类似于表面开有槽的外螺纹(螺杆)，主要由工作部分和柄部构成。工作部分包括切削部分和校准部分。切削部分一般磨成圆锥形，有锋利的切削刃，是丝锥的主要工作部分，切削负荷由多个切削刃分担。校准部分有完整的牙型，主要用于修光和校正切削部分已切出的螺纹，并具有导向作用，引导丝锥做轴向运动。工作部分开有容屑槽，以形成切削刃和排屑。丝锥的柄部有方榫，便于夹持。

丝锥、绞杠

(a)实物

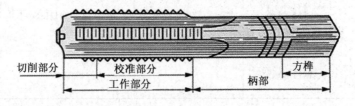

切削部分　　校准部分　　　　　　方榫
　　　　　工作部分　　　　　柄部

(b)结构

图 2-124　丝锥的结构

（2）丝锥的分类。

① 按照驱动不同，可分为手用丝锥和机用丝锥。其中，手用丝锥校准部分较长，机用丝锥校准部分较短。

② 按照加工方式，可分为切削丝锥和挤压丝锥。切削丝锥又分为螺旋槽丝锥、螺尖（刃磨角）丝锥和直槽丝锥等。

标准丝锥的容屑槽一般是直槽，制造、刃磨容易。专用丝锥制成螺旋槽，方便排屑。其螺旋槽也有左旋和右旋之分：左旋丝锥攻丝时，切屑沿着螺旋槽向下排出，适用于制作通孔中的螺纹；右旋丝锥攻丝时，切屑沿着螺旋槽向上排出，适用于制作盲孔中的螺纹。

③ 按照被加工螺纹，可分为公制粗牙丝锥、公制细牙丝锥和管螺纹丝锥等。

（3）丝锥的成组分配。

为减少切削阻力，延长丝锥的使用寿命，手用丝锥是成套使用的，一般将整个切削工作分配给几只丝锥来完成。

通常 M6~M24 的丝锥每组有两支，分别称头锥和二锥，两支丝锥的直径都是相同的，只是切削部分的锥角和长度不同，如图 2-125 所示。头锥的锥角小一些，切削部分相应长一些，约有 6 个不完整的牙型，开始攻丝时，容易切入工件。二锥锥角大一些，切削部分也短一些，一般只有两个不完整的牙型。攻盲孔螺纹时，两支丝锥应交替使用，以保证所加工螺纹的有效长度；攻通孔螺纹时，只用头锥即可一次完成。

（a）头锥 （b）二锥

图 2-125 成套丝锥

细牙普通螺纹丝锥每组也有两支。圆柱管螺纹丝锥与手用丝锥相似，只是其工作部分较短，一般每组有两支。

M6 以下和 M24 以上的丝锥每组有三支，分别称头锥、二锥、三锥。

机用丝锥只有一支。

2. 铰杠

（1）铰杠的分类。

铰杠是手工攻螺纹时用来夹持丝锥的工具，分为普通铰杠[图 2-126（a）]和丁字铰杠[图 2-126（b）]两类。丁字铰杠主要用于攻工件凸台旁的螺纹或箱体内部的螺纹。各类铰杠又分为固定式和活络式两种。活络式铰杠可以调节夹持丝锥方榫的尺寸。

（2）铰杠的选用。

固定式铰杠的方孔尺寸和柄长应符合一定的规格，并使丝锥的受力不会过大，这样丝锥不易折断，操作比较合理。但由于固定式铰杠的方孔尺寸和柄长不能调节，为了加工不同型号的螺纹，就需要准备多种规格，以满足需求。一般攻 M5 以下的螺纹，宜采

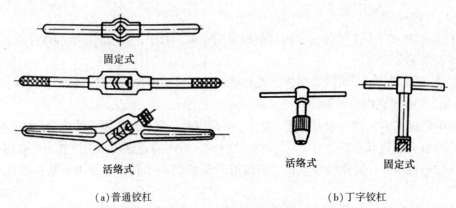

(a)普通铰杠　　　　　　　　　　　　　　　(b)丁字铰杠

图 2-126　铰杠及其类型

用固定式铰杠。

活络式铰杠可以调节方孔的尺寸，故应用范围较广，并在 150~600 mm 有六种规格。活络式铰杠的长度应根据丝锥尺寸的大小选择，以控制一定的攻螺纹扭矩，铰杠的选用可参考表 2-23。

表 2-23　铰杠的选用

活络式铰杠的规格/mm	150	230	280	380	580	600
适用丝锥的范围	M5~M8	M8~M12	M12~M14	M14~M16	M16~M22	M24 及以上

(二)攻螺纹前的准备工作

1. 确定底孔直径，选取麻花钻

攻螺纹前的准备工作是确定螺纹的底孔直径，它是选用麻花钻直径的依据。

攻螺纹时，丝锥作为刃具主要用来切削金属，但也伴随着严重的挤压作用，会产生金属凸起并挤向牙尖，使攻螺纹后的螺纹孔内径小于原底孔直径。因此，攻螺纹的底孔直径应稍大于螺纹内径；否则，攻螺纹时因挤压作用，使螺纹牙顶与丝锥牙底之间没有足够的容屑空间，将丝锥箍住，甚至折断，此现象在攻塑性材料时尤为严重。但底孔过大，会使螺纹牙型高度不够，降低强度。

底孔直径的大小要根据工件材料类型、螺纹公称直径、螺纹的螺距等来确定。可以采用以下两种方法确定：查表(机械手册)法和经验公式法。实践中，常依据工件材料，根据经验公式计算螺纹底孔的直径，再据此选用相应的钻头。

(1)脆性材料。

$$D_{底}=D-(1.05~1.1)P \tag{2-3}$$

(2)韧性材料。

$$D_{底}=D-P \tag{2-4}$$

式(2-3)和式(2-4)中，$D_{底}$——底孔直径；

D——公称直径(即螺纹大径)；

P——螺距。

2. 确定盲孔孔深

加工通孔螺纹时，底孔也是通孔。但加工盲孔螺纹时，底孔是盲孔，由于丝锥的切削部分端部有锥角，不能攻出完整螺纹牙型，所以钻孔的深度至少应等于图样所需螺纹深度(螺孔有效深度)，再加上丝锥切削部分前端不完整牙型部分的长度，即钻孔深度应比螺孔有效深度大一些。盲孔螺纹底孔的深度常按照式(2-5)计算。

$$H = H_0 + 0.7D \tag{2-5}$$

式中，H——底孔深度；

H_0——螺纹有效深度；

D——公称直径(螺纹大径)。

3. 孔口倒角

为使丝锥头部能顺利旋入螺纹底孔进行切削，并防止起攻时起始圈的螺牙崩裂，以及螺纹攻穿时最后圈的螺牙崩裂，攻螺纹前应用 90° 锪钻对钻削的螺纹底孔孔口进行倒角加工。若是通孔，应对底孔两端的孔口都进行倒角加工，倒角直径应略大于螺纹大径。

4. 切削液的选用

攻螺纹时，合理选择适当品种的切削液，可以有效地提高螺纹精度，降低螺纹的表面粗糙度。攻螺纹时切削液的选用如表 2-24 所列。

表 2-24 攻螺纹时切削液的选用

零件材料	切削液
结构钢、合金钢	乳化液
铸铁	煤油、75%煤油+25%植物油
铜	机械油、硫化油、75%煤油+25%矿物油
铝	50%煤油+50%机械油、85%煤油+15%亚麻油、煤油、松节油

(三)攻螺纹的方法和步骤

(1)读图 2-127，明确任务和要求。

攻螺纹

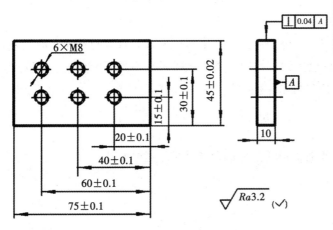

图 2-127 攻螺纹练习作业图

（2）准备攻螺纹所用的设备及工、量具。

（3）确定底孔直径和盲孔孔深，选钻头，钻底孔，孔口倒角。

（4）正确装夹工件（保护工件被夹表面、使工件处于水平位置、夹牢）。

（5）起攻。起攻时，应使用头锥。头锥垂直地放入已加工好倒角的工件孔内，一只手掌按住铰杠中部，沿丝锥轴线方向用力加压并顺时针旋进，另一只手握住铰杠一端配合做顺时针旋转。在丝锥正常旋入1~2圈能稳定在孔口后，取下铰杠，用目测的方法或用直角尺在相互垂直的两个方向上进行检查，保证丝锥中心线与底孔中心线重合，然后用铰杠轻压旋入。或者两手握住铰杠两端均匀用力，并将丝锥顺时针旋进，如图2-128所示。

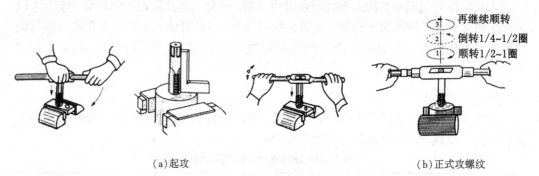

（a）起攻　　　　　　　　　　　　　　　　（b）正式攻螺纹

图2-128　攻螺纹方法

（6）正式攻螺纹。两手握住铰杠两端，保持平稳，轻压丝锥并顺时针旋转；当丝锥切削部分全部进入工件时，不必再施加压力，只加纯力偶，靠丝锥自然旋进切削。此后，两手均匀用力，每顺时针转1/2~1圈停下，及时倒转1/4~1/2圈，使切屑碎断排出。若为不通孔，则须随时旋出丝锥，清除孔内切屑后再继续攻丝，攻螺纹时要加少许切削液。

攻丝时，必须按照头锥、二锥、三锥的顺序攻削，以减小切削负荷，防止丝锥折断。完成头锥攻丝后取出丝锥，用手依次旋进二锥至不能旋入，再装上铰杠，按照同样的操作完成攻螺纹，以此类推。

攻不通孔的螺纹时，可在丝锥上做出深度标记。攻丝过程中，需经常退出丝锥，将孔内切屑清除，否则会因切屑堵塞而折断丝锥或攻不到规定深度，或者攻入太深使丝锥头部因嵌入孔底锥角部分卡住而损坏。

（四）攻螺纹常见缺陷分析

攻螺纹时常见的缺陷形式及原因分析如表2-25所列。

表 2-25　攻螺纹时常见缺陷分析

缺陷形式	产生原因
丝锥崩刃、折断	(1)底孔直径小或深度不够； (2)攻螺纹时没有经常倒转断屑，造成堵塞； (3)用力过猛或两手用力不均； (4)丝锥与底孔端面不垂直
螺纹烂牙	(1)底孔直径小或孔口未倒角； (2)丝锥磨损变钝； (3)攻螺纹时反转断屑不及时，切屑堵塞； (4)未加切削液； (5)用力过猛或两手用力不均匀
螺纹中径超差	(1)螺纹底孔直径选择不当； (2)丝锥选用不当； (3)攻螺纹时铰杠晃动
螺纹表面粗糙度超差	(1)工件材料太软； (2)切削液选用不当； (3)攻螺纹时铰杠晃动； (4)攻螺纹时断屑排屑不及时
螺纹孔歪斜	(1)丝锥的位置不当； (2)攻螺纹时丝锥与螺纹孔的轴线不同轴

三、套螺纹

(一)工具：板牙、板牙架

1. 板牙

板牙和板牙架
介绍

板牙是加工外螺纹的工具，由合金工具钢 9SiCr、9Mn2V 或高速钢经淬火回火制成。常用的圆板牙如图 2-129 所示，它本身就像一个圆螺母，只是在其牙型处钻有几个排屑孔，并形成了切削刃。为了夹持，在板牙的外圆面上制有 90°的锥孔或沿外圆柱面素线方向铣出一 90°开口的 V 形槽，供板牙夹持工具的紧固螺钉尖端定位，以传递扭矩。板牙的两端面都制成一定角度的锥孔，便于引导板牙起套。

板牙由切削部分、校准部分和排屑孔组成。其两端的锥角是切削部分，套丝时两端均可使用，中间为校准部分，有完整的牙型。

(a)实物

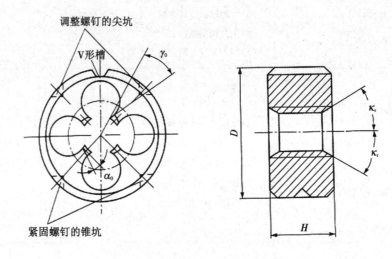

(b)结构

图 2-129　板牙

2. 板牙架

　　板牙架是装夹板牙用的工具,圆板牙架结构如图 2-130 所示,板牙放入后,用螺钉紧固。固定式圆板牙架有一颗紧固螺钉,可调式圆板牙架有五颗紧固螺钉,可在小范围内调节板牙的直径。

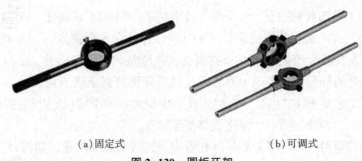

(a)固定式　　　　　　　　　　(b)可调式

图 2-130　圆板牙架

(二)套螺纹时圆杆外径的确定

与攻螺纹一样,用板牙套螺纹的切削过程中也存在挤压作用。因此,套螺纹前制作的圆杆直径应小于螺纹大径,否则会导致加工困难且容易损坏板牙。反之,若圆杆直径过小,则加工出的螺纹牙型不全。圆杆直径大小可查机械手册或用式(2-6)计算确定。

$$d_{圆杆}=d-0.13P \qquad\qquad (2-6)$$

式中,$d_{圆杆}$——圆杆直径;

$\qquad d$——螺纹大径;

$\qquad P$——螺距。

套螺纹

(三)套螺纹的方法和步骤

(1)读图2-131,明确任务和要求。

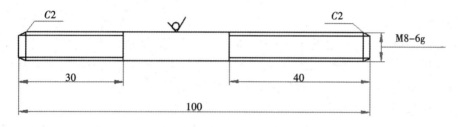

图2-131　套螺纹练习作业图

(2)准备套螺纹所用设备及工、量具。

(3)确定圆杆直径,圆杆端部倒角。

为使板牙容易切入,套丝前应将圆杆端部锉成15°~20°的倒角,且倒角小端直径应小于螺纹小径,如图2-132所示。

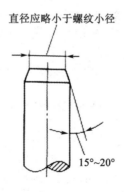

图2-132　圆杆端部倒角

(4)正确装夹工件(用V形块保护被套螺纹工件、工件轴线垂直钳口、夹牢)。

由于套螺纹的切削力较大,且工件为圆杆,在钳口上容易打滑,夹持时应用V形夹板或加垫铜钳口,且工件伸出钳口的长度在不影响螺纹要求长度的前提下,应尽量短一些，确保装夹端正和牢固，如图 2-133 所示。

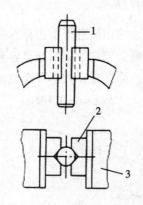

图 2-133 套螺纹工件装夹
1—工件；2—V 形夹板；3—台虎钳

(5)起套。

起套方法与攻螺纹的起攻方法一样，即一只手的手掌按住板牙架中部，沿圆杆轴线方向加压用力；另一只手配合做顺时针旋转，动作要慢，压力要大。同时保证板牙端面与圆杆轴线垂直，在板牙切入圆杆 2~3 牙时及时检查校正。

(6)正式套螺纹。

板牙切入 2~3 牙后，不能再施加沿圆杆轴线方向的压力，此时应双手保持平衡，顺时针旋转板牙，让其自然旋进。套削过程中要不断反转，以便断屑和排屑，直至加工到所需螺纹长度为止，套螺纹时也要加少许切削液，如图 2-134 所示。

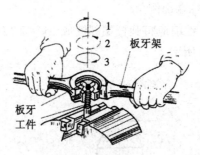

图 2-134 套螺纹方法

(四)套螺纹时常见缺陷分析

套螺纹时常见缺陷形式及原因分析如表 2-26 所列。

表2-26　套螺纹时常见缺陷分析

缺陷形式	产生原因
板牙崩齿或磨损太快	(1)圆杆直径偏大或端部未倒角； (2)套螺纹时没有经常反转断屑，使切屑堵塞； (3)用力过猛或两手用力不均； (4)板牙端面与圆杆轴线不垂直； (5)圆杆硬度太高或硬度不均匀
螺纹烂牙	(1)圆杆直径太大； (2)板牙磨损变钝； (3)强行矫正已套歪的板牙； (4)套螺纹时没有经常倒转断屑； (5)未使用切削液
螺纹表粗糙度超差	(1)工件材料太软； (2)切削液选用不当； (3)套螺纹时板牙架左右晃动； (4)套螺纹时没有经常倒转断屑
螺纹歪斜	(1)板牙的端面与圆杆的轴线不垂直； (2)套螺纹时板牙架左右晃动

(五)注意事项

(1)起套时，要从两个方向对垂直度进行及时校正，以保证套螺纹质量。

(2)套螺纹时，要控制两手用力均匀和掌握用力限度，防止孔口出现乱牙。

(3)套螺纹后，螺纹口要倒角去毛刺，以免影响测量精度。

(4)套螺纹时，要倒转断屑和清屑。

(5)做到安全文明操作。

在练习的基础上完成工作任务(见图2-1)，并填写表2-27。

表2-27　螺纹加工评分表

制作者姓名	项目						总分
	攻螺纹 M8			套螺纹 M8			
	底孔直径 (1分)	工具选取 (1分)	操作要领 (1分)	圆杆外径 (1分)	工具选用 (1分)	操作要领 (1分)	(6分)
学生测评							
教师测评							

备注：

任务思考

(1)螺纹加工有哪些方法？

(2)攻螺纹和套螺纹各用何种工具？

(3)攻螺纹时，底孔直径和盲孔孔深如何确定？套螺纹时，圆杆外径如何确定？

(4)说出攻螺纹的操作步骤及注意事项。

(5)说出套螺纹的操作步骤及注意事项。

任务十一　刮削与研磨

任务目标

【知识目标】

(1)了解并熟悉刮削与研磨的概念、特点及应用。

(2)熟悉刮削工具的结构、类型及基本功用。

(3)熟悉研磨工具的种类及功用。

【能力目标】

(1)会对平面、曲面进行刮削，做到基本方法、操作要领正确，会检测刮削质量。

(2)会对刮刀进行刃磨。

(3)会选用研磨剂，能正确选用研磨工具和适当的方法对平面、曲面进行研磨。

(4)在刮削、研磨过程中做到安全文明操作。

【思政目标】

使学生严格遵守钳工的操作规程，树立安全意识，树立质量意识。

任务准备

(1)项目任务书，教材，刮削、研磨技术操作视频等资源。

(2)刮削、研磨需要的实训设备、材料，以及工、量、刃、夹具。

(3)读懂项目任务书9：

完成U形板作业图(见图2-1)中的$\phi 10_0^{+0.06}$孔的研磨任务。

任务导学

(1)你见过利用钳工方法刮削和研磨的实操吗？其特点及应用如何？

(2)U形板作业图中有哪些部位加工精度要求较高？最后的工序如果用研磨的方法加工，需要哪些工、夹、刃具？

（3）你认识刮刀、研磨平板、研磨棒吗？知道它们的用途吗？会正确操作使用吗？

（4）如何选研磨剂？

（5）如何磨削刮刀？

（6）如何检测刮削、研磨质量？刮削、研磨时应该注意哪些事项？

（7）认真阅读项目任务书，分析理解并明确学习任务，列出任务清单。

（8）列出所需设备及工、量、夹、刀具清单，制订学习实施计划。

 知识链接

一、刮削与研磨的基本知识

（一）刮削

用刮刀在工件表面上刮去一层很薄的金属，称为刮削。刮削后的表面具有良好的平面度，而且在刮削中由于多次反复地受到刮刀的推挤和压光作用，工件表面组织变得比原来紧密，并得到较细的表面粗糙度，即 $Ra \leqslant 1.6\ \mu m$，是钳工中的一种精密加工。

1. 刮削的应用及特点

刮削工作是一种古老的加工方法，也是一项繁重的体力劳动，其劳动强度大、生产率低。但是，由于它所用的工具简单，且不受工件形状、位置及设备条件的限制，还具有切削量小、切削力小、产生热量小、装夹变形小等特点，因此能获得很高的形状位置精度、尺寸精度、接触精度及较细的表面粗糙度。所以在机械制造及工、量具制造或修理中，刮削仍然是一项重要的手工作业。

由于刮削加工每次只能刮去很薄的一层金属，且劳动强度很大，所以要求工件在机械加工后留下的刮削余量不宜太大，一般为 0.05~0.40 mm。

2. 刮削工具

刮削工具主要指刮刀。刮刀一般用碳素工具钢或轴承钢制造，后端装有木柄，刀体部分淬硬到 60 HRC 左右，刃口经过研磨，磨损后可进行复磨。

（1）平面刮刀。它又分为普通刮刀和活头刮刀，如图 2-135 所示。平面刮刀一般多采用 T10A，T12A 钢制成；当工件表面较硬时，也可用高速钢或硬质合金刀头制成。它用于刮削平面、外曲面和刮花。常用的平面刮刀有直头和弯头两种。

（2）曲面刮刀。它用于刮削内曲面。常用的曲面刮刀有三角刮刀［图 2-136（a）］、蛇头刮刀［图 2-136（b）］和柳叶刮刀。

3. 校准工具

校准工具是用来推磨研点和检查被刮面准确性的工具，也称研具。常用的校准工具有校准平板（通用平板）、校准直尺、角度直尺（如图 2-137 所示），以及根据被刮面形状设计制造的专用校准型板等。

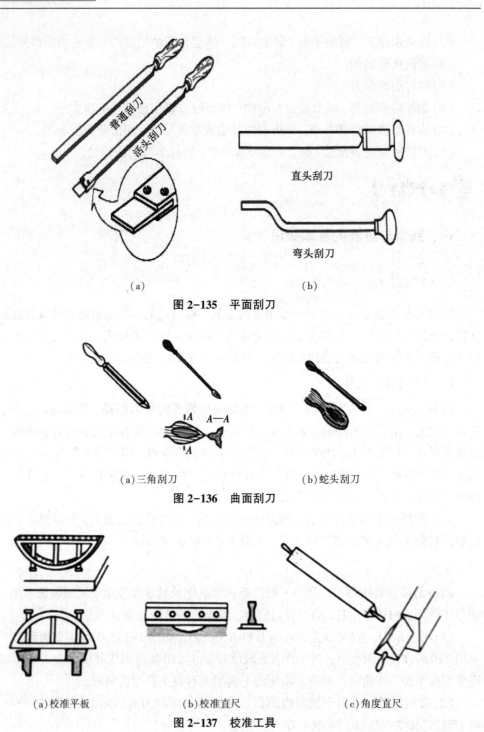

（a）　　　　　　　　　　　　　（b）

图 2-135　平面刀

（a）三角刮刀　　　　　　　　　（b）蛇头刮刀

图 2-136　曲面刮刀

（a）校准平板　　　　　　（b）校准直尺　　　　　　（c）角度直尺

图 2-137　校准工具

4. 显示剂

工件和校准工具对研时，所加的涂料称为显示剂，其作用是显示工件的位置误差及其大小。

（1）常用显示剂。刮削中常用的显示剂如图 2-138 所示。

　　　　　　(a)红丹粉　　　　　　　　　　　　　　(b)蓝油

图 2-138　常用显示剂

　　① 红丹粉。分为铅丹(氧化铅,呈橘红色)和铁丹(氧化铁,呈红褐色)两种,颗粒较细,用机油调和后使用,被广泛用于钢和铸铁工件。

　　② 蓝油。用蓝粉和蓖麻油及适量机油调和而成,呈深红色,显示的研点小而清楚,多用于精密工件和有色金属及其合金的工件。

　　(2)用法。刮削时,显示剂既可以涂抹在工件表面,也可以涂抹在校准件上。显示剂涂在工件上,显示结果是红底黑点,没有闪光,容易看清,适于精刮时选用;涂在标准研具上,显示结果是灰白底、黑红色点子,有闪光,不易看清,但刮削时不易粘在刀口上,刮削方便,适于粗刮时选用。

(二)研磨

　　研磨是指用研具和研磨剂从工件上研去一层极薄表面层的精加工方法,它是物理和化学的综合作用。

1.研磨工具

　　研磨工具的材料要细致均匀,有很高的稳定性和耐磨性。研具工作面的硬度应比工件表面硬度稍软,且具有较好的嵌存磨料的性能。常用的研具材料有灰铸铁、球墨铸铁、软钢、铜。常用的研磨工具有研磨平板、研磨棒和研磨套。

　　(1)研磨平板。它主要用来研磨一些有平面的工件表面,如研磨量块、精密量具的平面等。研磨平板分为有槽平板和光滑平板两种,如图 2-139 所示。

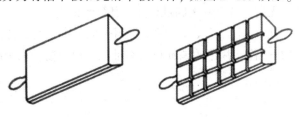

　　　　　(a)光滑平板　　　　　　　　　　　(b)有槽平板

图 2-139　研磨平板

（2）研磨棒。它主要用来研磨套类工件的内孔。研磨棒有固定式和可调式两种，如图 2-140 所示。

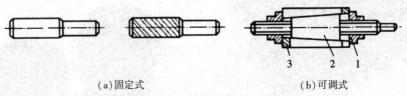

（a）固定式　　　　　　　　　　　（b）可调式

图 2-140　研磨棒

1—调整螺母；2—锥度芯棒；3—开槽研磨套

（3）研磨套。它主要用来研磨轴类工件的外圆表面，如图 2-141 所示。

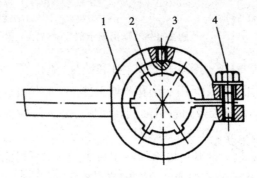

图 2-141　研磨套

1—夹箍；2—研磨套；3—紧固螺钉；4—调整螺钉

2. 研磨剂

研磨剂是由磨料、研磨液、辅助材料调和而成的混合剂，常配制成液态研磨剂、研磨膏和固态研磨剂（研磨皂）三种。

（1）磨料。它在研磨中起切削金属表面的作用，常用的磨料有氧化物磨料、碳化物磨料和金刚石磨料等。

（2）研磨液。它在研磨中起调和磨料、稀释、冷却及润滑的作用。研磨液应具备以下条件。

① 有一定的黏度和稀释能力。磨料通过研磨液的调和均匀分布在研具表面，并具有一定的黏附性，这样才能使磨料对工件产生切削作用。

② 具有良好的润滑冷却作用。

③ 对操作者健康无害，对工件无腐蚀作用，且易于清洗。

（3）辅助材料。它是一种黏度较大、氧化作用较强的混合脂，其作用是使工件表面形成氧化膜，加速研磨进程。常用的辅助材料有油酸、脂肪酸、硬质酸和工业甘油等。

二、刮削与研磨的方法与技能

(一)刮削前的准备工作

1. 工作场地的选择

刮削场地的光线应适当,太强或太弱都可能看不清研点。当刮削大型精密工件时,还应注意场地的环境卫生,保证刮削后工件不变形。

2. 工件的支承

工件必须安放平稳,使刮削时不产生摇动。安放时,要选择合理的支承点,使工件保持自由状态,不应因支承不当而使工件受到附加压力。对于刚性好、质量大、面积大的工件(如机器底座、大型平板等),应该用垫铁三点支承;对于细长易变形的工件,可用垫铁两点支承。在安放工件时,工件刮削面位置的高度要方便操作,便于发挥力量。

3. 工件的准备

应除去工件刮削面的毛刺,锐边要倒角,以防划伤手指;擦净刮削面上的油污,以免影响显示剂的涂布和显示效果。

(二)刮削方法

1. 平面刮削

(1)平面刮削的姿势。

① 手刮法。如图 2-142(a)所示,右手握住刮刀手柄(如同锉刀的握法),左手四指向下握住靠近刮刀头部约 50 mm 处,刮刀与被刮削面成 25°~30°的角度。同时,脚前跨一步,上身随着脚向前倾斜,这样不仅可以增加左手压力,也易于看清刮刀前面显点的情况。刮削时,右手随着上身前倾,使刮刀向前推进,左手下压,落刀要轻;当推进到所需位置时,左手迅速提起,完成一个手刮动作。

(a)手刮法   (b)挺刮法

图 2-142 平面刮削

② 挺刮法。如图 2-142(b)所示,将刮刀柄放在小腹右下侧,双手并拢握在刮刀前

部距刀刃约 80 mm 处，左手在前，右手在后。刮削时，刮刀对准研点，左手下压，利用腿部和臀部的力量使刮刀向前推挤，在推动到位的瞬间，同时用双手将刮刀提起，完成一次刮点。

（2）平面刮削的步骤。平面刮削一般要经过粗刮、细刮、精刮和刮花四个步骤。

① 粗刮。它是利用粗刮刀在刮削面上均匀地铲去一层较厚的金属，可以采用连续推铲的方法，刀迹要连成长片。粗刮后，每 25 mm×25 mm 的方框内应有 2~3 个研点。

② 细刮。它是利用细刮刀在刮削平面上刮去稀疏的大块研点，可以采用短刮刀法，刀痕长度约为刀刃的宽度，随着研点的增加，刀痕逐步缩短。细刮后，每 25 mm×25 mm 的方框内有 12~15 个研点。

③ 精刮。它是用精刮刀采用点刮法进行的刮削，刮刀对准显点，落刀轻，提刀快，每一点只刮一刀。精刮后，每 25 mm×25 mm 的方框内有 20 个以上研点。

④ 刮花。它是指在刮削面或机器外表面上用刮刀刮出装饰性的花纹，如图 2-143 所示，以增加表面的美观度，保证良好的润滑性；同时，工件在使用中可根据刀花的消失程度，来判断平面的磨损程度。

  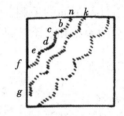

| (a) 斜纹花 | (b) 鱼鳞花 | (c) 半月花 |

图 2-143　刮花

（3）平行面的刮削方法。先确定被刮削的一个平面，以其为基准面，进行粗刮、细刮、精刮，达到单位面积研点数的要求后，以此面为基准，再刮削对应面的平行面。刮削前用百分表测量该面对基准面的平行度误差，确定粗刮时各刮削部分的刮削量，并以标准平板为测量基准，结合显点刮削，以保证平面度要求。在保证平面度和初步达到平行度的情况下，进行细刮工序。细刮时，除了用显点法来确定刮削部位外，还要结合百分表进行平行度测量，如图 2-144 所示，以作必要的刮削修正。达到细刮要求后，可进行精刮，直到被刮面的单位面积研点数和平行度都符合要求为止。

图 2-144　百分表测量平行度

（4）垂直面的刮削。这种刮削方法与平行面的刮削方法相似，先确定一个平面进行粗刮、细刮、精刮并作为基准面，再对垂直面进行测量，且确定粗刮的刮削部位和刮削量，且结合显点刮削，以保证达到平面度要求。细刮和精刮时，除按照研点进行刮削外，还要不断地进行垂直度测量，如图 2-145 所示，直到被刮面的单位面积研点数和垂直度都符合要求为止。

图 2-145　垂直度误差测量

2. 曲面刮削

曲面刮削一般是指内曲面刮削，有内圆柱面刮削、内圆锥面刮削和球面刮削等。其刮削原理和平面刮削原理一样，只是刮削方法及所用的刀具不同，如图 2-146 所示。

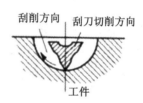

图 2-146　曲面刮削

曲面刮削时，一般是以标准轴（也称工艺轴）或与其相配合的轴作为内曲面研点的校准工具。研合时，将显示剂涂在轴的圆周上，使轴在内曲面中旋转显示研点，然后根据研点刮削。

（1）内曲面刮削姿势。其刮削姿势有两种，第一种姿势如图 2-147（a）所示，右手握刀柄，左手掌心向下，四指横握刀身，拇指抵着刀身，刮削时左、右手同时做圆弧运动，且顺曲面使刮刀做后拉或前推运动，刀迹与曲面轴线约成 45°夹角，且交叉进行。第二种姿势如图 2-147（b）所示，刮刀柄搁在右手臂上，双手握住刀身。刮削时动作和刮刀的运动轨迹与第一种姿势的相同。

（2）曲面刮削的注意事项。

① 刮削时，用力不可太大，以不发生抖动、不产生振痕为宜。

（a）第一种姿势   （b）第二种姿势

图 2-147　曲面刮削姿势

② 交叉刮削时，刀迹与曲面内孔中心线约成 45°，以防止刮面产生波纹，避免研点成为条状。

③ 研点时，相配合的轴应沿曲面做来回转动，精刮时转动弧长应小于 25 mm，切忌沿轴线方向做直线研点。

在一般情况下，由于孔的前、后端磨损快，因此，刮削内孔时，前、后端的研点要多些，中间段的研点可以少些。

3. 原始平板刮削

校准平板是检验、划线及刮削中的基本工具，要求非常精密。一般平板通常按照接触精度分级，以 25 mm×25 mm 内 25 点以上为 0 级平板、25 点为 1 级平板、20 点以上为 2 级平板、16 点以上为 3 级平板。

校准平板可以在已有的校准平板上用合研显点的方法进行刮削。如果没有校准平板，那么可用三块平板互研互刮的方法，刮成原始的精密平板。刮削原始平板有正研和对角研两个步骤。

（1）正研。

① 正研的刮削原理。先将三块平板单独进行粗刮，去除机械加工的刀痕和锈斑等，再将原始平板分别编号为 1，2，3，采用 1 号与 2 号、1 号与 3 号、3 号与 2 号合研的顺序，如图 2-148（a）、图 2-148（b）、图 2-148（c）所示，对研方向如图 2-148 中箭头所示。

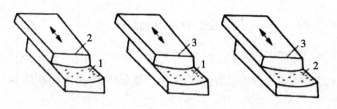

（a）1 号与 2 号合研　　（b）1 号与 3 号合研　　（c）3 号与 2 号合研

图 2-148　正研

由图 2-148 可以看出，2 号、3 号平板都与 1 号平板对研，1 号平板称为过渡基准。若 2 号凸[见如图 2-148（a）]，3 号凸[见图 2-148（b）]，刮研的结果是 2 号、3 号的凸起被消除[如图 2-148（c）]。如果再分别以 2 号、3 号为过渡基准，重复上面的过程，即三块平板轮换的刮削方法，平板表面的不平状况将被消除。

② 正研的步骤方法。

一次循环：以 1 号为过渡基准，1 号与 2 号互研互刮，直至贴合；将 3 号与 1 号互研，单刮 3 号，使 3 号与 1 号贴合；然后 2 号与 3 号互研互刮，直至贴合；此时 2 号与 3 号的平直度略有改进。

二次循环：在上一次循环的基础上，按照顺序以 2 号为过渡基准，1 号与 2 号互研，单刮 1 号；然后 2 号与 3 号互研互刮，直至全部贴合，这样平直度又有所提高。

三次循环：在上一次循环的基础上，按照顺序以 3 号为过渡基准，2 号与 3 号互研，单刮 2 号；然后 1 号与 3 号互研互刮，直至全部贴合，则 1 号与 3 号的平直度进一步提高。

重复上述三个顺序，依次循环进行刮削，循环次数越多，则平板的平直度越高，直到三块平板中任取两块对研，显点基本一致，即在每 25 mm×25 mm 内达到 12 个研点左右，正研即完成。

③ 正研存在的问题。正研是传统的工艺方法，其机械地按照一定的顺序配研，显点虽能符合要求，但有的显点不能反映平面的真实情况，系假象，易给人以错觉。在正研过程中，出现三块平板在相同的位置上有扭曲现象，即都是 AB 对角高，而 CD 对角低，如图 2-149 所示。如果采用其中任意两块平板互研，那么高处和低处正好重合，经刮削后显点也可能分布得很好，但扭曲依然存在，而且越刮扭曲越严重，越不能继续提高平板的精度。

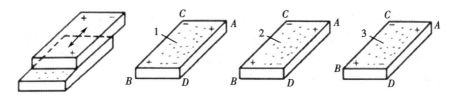

图 2-149 正研的扭曲现象

（2）对角研。为进一步消除扭曲并提高精度，可采用对角研的方法进行刮研，如图 2-150(a) 所示。直至三块平板显点一致，分布均匀，如图 2-150(b) 所示。

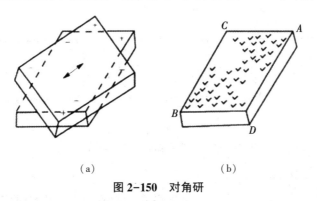

（a）   （b）

图 2-150 对角研

（3）在确认平板平整后，即进行精刮工序，直至用各种研点方法得到相同清晰的显点，且在任意 25 mm×25 mm 面积内的点数达到 20 点以上，表面粗糙度为 $Ra \leqslant 0.8\ \mu m$。

4. 刮削精度的检验

刮削表面的精度通常是以研点法来检验的，研点法如图 2-151 所示。将工件刮削表面擦净，均匀涂上一层很薄的红丹油，然后与校准工具（如标准平板等）相配研，工件表面上的凸起点经配研后被磨去红丹油而显出亮点（即贴合点），如图 2-151(a)所示。刮削表面的精度是以在 25 mm×25 mm 面积内贴合点的数量与分布稀疏程度来表示的，如图 2-151(b)所示。普通机床导轨面为 8~10 点，精密机床导轨面为 12~15 点。

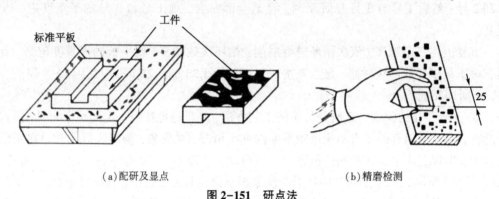

（a）配研及显点　　　　　　　　　　　　（b）精磨检测

图 2-151　研点法

5. 平面刮刀的刃磨

（1）平面刮刀的几何角度。按照粗刮、细刮、精刮要求的不同，刮刀可分为粗刮刀、细刮刀、精刮刀。三种刮刀的顶端角度如图 2-152 所示。粗刮刀为 90°~92.5°，刀刃平直；细刮刀为 95°左右，刀刃稍带圆弧；精刮刀为 97.5°左右，刀刃带圆弧。刃磨后的刮刀平面应平整光洁，刃口无缺陷。

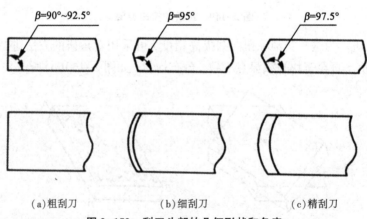

（a）粗刮刀　　　　　　（b）细刮刀　　　　　　（c）精刮刀

图 2-152　刮刀头部的几何形状和角度

（2）平面刮刀的刃磨。

① 粗磨。粗磨时，分别将刮刀两平面贴在砂轮侧面上，开始时应先接触砂轮的边缘，再慢慢平放在侧面上，不断地前后移动进行刃磨，使两面都达到平整［图 2-153

（a）]，在刮刀全宽上看不出显著的厚薄差别。然后粗磨顶端面，把刮刀的顶端放在砂轮轮缘上并平稳地左右移动刃磨，如图 2-153（b）所示，要求端面与刀身中心线垂直。刃磨时，应先以一定倾斜角与砂轮接触，再逐步转动至水平。如直接沿水平位置靠上砂轮，刮刀会颤抖不易磨削，甚至会出事故。

（a）刃磨平面　　　　　　　　　　　（b）刃磨顶面

图 2-153　平面刮刀的粗磨

② 热处理。将粗磨好的刮刀放在炉火中缓慢加热到 780~800 ℃（呈樱红色），加热长度为 25 mm 左右，取出后迅速放入冷水或 10% 的盐水中冷却，浸入深度为 8~10 mm。刮刀接触水面时，做缓慢平移和间断地少许上下移动，这样可使淬硬部分不留下明显界限。当刮刀露出水平面部分呈黑色，由水中取出观察其刀刃部颜色为白色时，迅速把整个刮刀浸入水中冷却，直到刮刀全冷后取出即可。用于精刮和刮花的刮刀，淬火时可用油冷，这样刀头既不会产生裂纹，同时金属的组织也较细，容易刃磨。

③ 细磨。热处理的刮刀要在细砂轮上细磨，基本达到刮刀的形状和几何角度要求。刮刀刃磨时，必须经常蘸水冷却，避免刀口部分退火。

④ 精磨。刮刀精磨在油石上进行。刃磨应在油石上加适量机油，先磨两平面，如图 2-154（a）所示，直到表面平整。再磨端面，如图 2-154（b）所示，刃磨时左手扶住手柄，右手紧握刀身，使刮刀直立在油石上，略向前倾（向前倾斜的角度大小应根据刮刀顶端要求的角度不同而定）向前推移，拉回时刀身略微抬起，以免磨损刀口；如此反复，直到切削部分形状和角度符合要求，且刃口锋利为止。或者将刮刀上部靠在肩上，两手握刀身，向后拉动来磨锐刃口，而向前将刮刀提起，如图 2-154（c）所示。

（a）磨平面　　　　　（b）手持磨顶端面　　　　（c）靠肩双手握持磨端面

图 2-154　刮刀的精磨

（3）曲面刮刀的刃磨。

① 三角刮刀的刃磨。三角刮刀的三个面应分别刃磨。将刮刀以水平位置轻压在砂轮的外圆弧上，按照刀刃弧形来回摆动，使三个面的交线形成弧形的刀刃。然后将三个圆弧面在砂轮边缘上开槽，槽应开在两刃的中间，并使两刃边都只能留 2~3 mm 的棱边。

三角刮刀经粗磨后也必须用油石精磨。精磨时，在顺着油石长度的方向来回移动的同时，还要按照刀刃的弧形做上下摆动，直到刀刃锋利为止。

② 蛇形刮刀的刃磨。蛇形刮刀两侧面的刃磨与平面刮刀的磨法相同，刀头两侧圆弧面的刃磨方法与三角刮刀的刃磨方法基本相同，如图 2-155 所示。

（a）刃磨平面　　　　　　　　　　　　　（b）刃磨顶面

图 2-155　蛇形刮刀的粗磨

（三）研磨方法

1. 平面研磨

平面研磨应在非常平整的平板上进行，粗研时在有槽的平板上进行，精研时在无槽的平板上进行。研磨前要根据工件的特点，选择好合适的研具、研磨剂、研磨运动轨迹、研磨压力和研磨速度。平面研磨是在研磨平板上进行的，如图 2-156（a）所示。研磨时，用手按住工件并施加一定压力 F，在平板上按 8 字形轨迹移动或做直线往复运动，并不时地将工件调头或偏转位置，以免研磨平面倾斜。

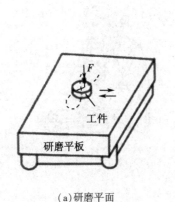 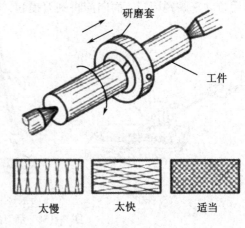

（a）研磨平面　　　　　　　　　　　　　（b）研磨外圆面

图 2-156　平面和外圆面的研磨方法

研磨分粗研、半精研和精研三步。

(1)粗研。粗研完成后,要达到工件表面的机械加工痕迹基本消除、平面度接近图样要求的目标。

(2)半精研。半精研完成后,要达到工件加工表面机械加工痕迹完全消除、工件精度达到图样要求的目标。

(3)精研。精研完成后,工件的精度、表面粗糙度要完全符合图样的要求。

2. 外圆研磨

外圆研磨一般采用手工与机械相配合的方法,用研磨套对工件进行研磨,将工件装在车床顶尖之间,如图2-156(b)所示,涂以研磨剂,然后套上研磨套。研磨时工件转动,用手握住研磨套做往复运动,使表面磨出45°交叉网纹。研磨一段时间后,应将工件调头再进行研磨。研磨速度应适当,速度过快或过慢都会影响工件的表面粗糙度。

研磨外圆时,工件的转速一般如下:直径小于80 mm时,转速取100 r/min;直径大于100 mm,转速取50 r/min。

研磨中,当研磨套往复速度适当时,工件上研磨出的网纹成45°交叉线;若移动太快,则网纹与工件轴线夹角较小;若移动太慢,则夹角较大,如图2-156所示。

3. 内孔研磨

内孔研磨时,要将研磨棒夹紧在车床或钻床的主轴上转动,把工件套在研磨棒上研磨。

4. 研磨运动轨迹

(1)直线。研磨时按照直线方式运动,不相互交叉,但易重叠,适用于有台阶的狭长平面的研磨。

(2)直线与摆动。工件在做直线研磨的同时,做前后摆动,可获得比较好的平直度,适用于刀口形直尺、刀口形90°角尺等的研磨。

(3)螺旋线。工件以螺旋线形状滑移研磨,可获得较好的平面度和很小的表面粗糙度,适用于圆柱形或圆片形工件。

(4)8字形。工件研磨时滑移的轨迹为8字形,可提高工件的质量,且能均匀使用研具,适用于量规类小平面的研磨。

5. 研磨注意事项

(1)研磨前,选择研具的材料要比工件的材料硬度低,并具有良好的嵌砂性、耐磨性和足够的刚性及较高的几何精度。

(2)研磨时,研磨的速度不能太快,精度要求高或易于受热变形的工件,其研磨速度应不超过30 m/min。手工粗磨时,每分钟往复40~60次;精磨时,每分钟往复20~40次。

(3)研磨外圆柱表面时,研磨套的内径应比工件的外径大0.025~0.05 mm,研磨套的长度一般是其孔径的1~2倍。

(4)研磨外圆柱表面时,对于直径大小不一的情况,可在直径大的部位多磨几次,直到直径相同为止。

（5）研磨内圆柱面时，研磨棒的外径应比工件内径小 0.010~0.025 mm，研磨棒工作部分的长度为工件长度的 1.5~2.0 倍。当孔口两端有过多的研磨剂时，应及时清理。

（6）研磨后，应将工件清洗干净，冷却至室温后再进行测量。

6. 研磨时常见缺陷分析

研磨时常见缺陷形式及产生原因如表 2-28 所列。

表 2-28　研磨时常见缺陷分析

缺陷形式	产生原因
表面粗糙度不合格	（1）磨料太粗或不同粒度磨粒混合； （2）研磨液选用不当； （3）嵌砂不足或研磨剂涂得薄而不匀； （4）研磨时清洁不到位
平面呈凸形或孔口扩大	（1）研磨剂涂得太厚； （2）研磨棒伸出孔口过长； （3）孔口多余研磨剂未及时清理； （4）研具工作面平面度误差大
孔的圆度或圆柱度误差大	（1）研磨时没有更换方向； （2）研磨时没有用研磨棒的全长
薄形工件扭曲变形	（1）发热温度大使工件变形； （2）研具硬度不合适； （3）工件夹持过紧
表面拉毛	研磨剂中存在杂质

任务思考

（1）叙述刮削和研磨的应用场合。

（2）叙述刮削工具的结构、类型及基本功用。

（3）如何刃磨刮刀？如何选用研磨剂？

（4）叙述平面和曲面刮削的基本方法、操作技巧和检验方法。

（5）叙述研磨工具的结构、类型、基本功用和正确使用方法。

（6）说出刮削、研磨时的注意事项。

任务十二　U形板制作工艺及质量检测

任务目标

【知识目标】

(1)理解并掌握形状规则工件加工工艺步骤的制定原则。

(2)通过正确读作业图,分析明确工件的质量要求项目及对应的检测方法。

(3)明确工件合格的标准。

【能力目标】

(1)通过前面理论知识的学习和实践操作,能制定一般性工件的加工工艺步骤。

(2)根据对图样的分析,能制定出合适的工件质检项目评价表。

(3)能运用所学知识和技术,正确选用量具,并分别对工件的尺寸、形状、位置精度及表面质量进行检测,判断工件的质量。

(4)通过对U形板进行质量检测,举一反三、触类旁通,实现能力迁移,会对生产中的一般性工件产品进行质检,成为合格的加工、质检人员。

(5)培养分析问题和解决问题的能力。

【思政目标】

培养学生团结协作、做事精益求精的良好品质和质量意识。

任务准备

(1)项目任务书、教材、测量技术操作视频等资源。

(2)钳工测量需要的工、量具。

(3)读懂项目任务书10:

① 总结并编制U形板详细的加工工艺步骤;

② 完成U形板的质量检测。

U形板作业图见图2-1。

任务导学

(1)编制科学合理的U形板加工工艺步骤,自检自己的实际加工过程是否合理。

(2)能熟练读懂作业图中的各项质量要求,如尺寸精度、形状精度、位置精度要求及表面粗糙度要求等。

(3)将步骤(2)读得的结果用表格方式逐项列出,精心设计,方便检测记录。

(4)运用自己已有的测量知识和技术正确选用量具,完成自己作品的质量检测,做好记录。

(5)同学间互换作品,检测对方的作品质量,看看双方评判的结果是否一致。若结果不同，找出原因并改正。

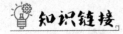知识链接

一、回顾读图内容及步骤

(1)读作业件大小。

(2)读作业件形状。

(3)读作业件要求(尺寸、形状、位置、表面粗糙度要求)。

(4)读作业件最大轮廓尺寸。

(5)读作业件基准。

(6)划线方法。

(7)分析制定加工工艺步骤。

(8)加工工件是否合格的检测项目及方法。

二、回顾形状规则工件加工工艺步骤的制定原则

(1)先基准后其他。

(2)先大(或长)后小(或短)。

(3)先平行后垂直。

(4)先直后曲。

(5)先内后外。

三、U 形板加工工艺步骤

(1)备料或检查来料尺寸(利用板料锉长方的作品：50 mm×70 mm×8 mm 长方)。

(2)修正坯料。

(3)划线(原则：先基准、再定位、最后定形状；注意有对称度要求工件的划线方法)，检查无误后，合理敲样冲眼。

(4)錾削，粗、精锉两个 C7 倒角，达到直线度、平面度、垂直度(窄面与大面)、大小 C7、表面粗糙度要求。

(5)粗、精锉两个 R10 圆弧，达到直线度、垂直度(窄面与大面)、大小 R10、线轮廓度、表面粗糙度要求。

(6)正确选用麻花钻，钻底孔(ϕ9.8，ϕ6.8，ϕ5.5，ϕ10 mm)。

(7)正确铰孔、锪孔。

(8)粗、精加工 U 形槽，达到各项要求。

(9)攻 M8 螺纹，达到要求(正确确定底孔直径、正确攻螺纹)。

(10)正确选圆杆外径，套 M8 外螺纹，达到要求。

(11)全部精度复检，做必要修整、倒棱、去毛刺，交件待验。

四、U 形板检测评分表

U 形板检测评分表如表 2-29 所列。

表 2-29　U 形板检测评分表

检测项目及配分

制作者姓名	R10 圆弧（2 个）				C7 倒角（2 个）					孔位（3 个）	铰孔	锪孔	螺纹		U 形槽								长方体	安全文明操作	总分
	一	⊥	R10	Ra3.2（顺纹）	一	⊥	▢	C7	Ra3.2（顺纹）				内	外	槽宽（12+0.05）	槽深（19±0.1）	R6 圆弧	⊥1	⊥2	▢	≡	Ra3.2 顺纹			
	（2 分）	（2 分）	（2 分）	（2 分）	（2 分）	（2 分）	（2 分）	（2 分）	（2 分）	（3 分× 3）	（3 分）	（3 分）	（3 分）	（3 分）	（3 分）	（3 分）	（5 分）	（3 分）	（3 分）	（3 分）	（3 分）	（3 分）	（8 分）	（5 分）	（100 分）
学生测评																										
教师测评																										

备注：

任务思考

(1)说出形状规则工件加工工艺步骤的制定原则。

(2)单个工件的质量检测一般包括哪些项目? 如何判断工件是否合格?

(3)你在质量检测中常存在哪些问题?

任务十三 项目工作评价及反馈

评价目标

(1)能正确规范撰写总结。

(2)对工作项目进行正确评价。

(3)能采用多种形式进行成果展示。

评价与分析

一、工作过程评价

下面采用自我评价、小组评价、教师评价相结合的发展性评价体系对项目工作过程进行评价。

(一)自我评价

自我评价见表2-30。

表2-30 自我评价表

班级:_____ 姓名:_____ 学号:_____号 ___年___月___日

评价项目	评价标准	配分	等级评定			
			A	B	C	D
学习(工作)态度	态度端正、工作认真,没有无故缺席、迟到、早退、脱岗现象;及时完成各项学习任务,不拖延	10				
安全文明操作习惯	习惯良好,遵守钳工各项操作规程,文明操作	10				
设备及工、量、刃具的使用	会正确选择钳工常用设备及工、量、刃具,并能正确使用	10				
社会能力	能与同学、小组成员积极沟通、交流合作,具有一定的组织能力和协调能力	10				

表2-30（续）

评价项目	评价标准	配分	等级评定			
			A	B	C	D
职业素养	与企业岗位需求接轨，爱岗敬业，养成良好的职业行为习惯；热爱劳动，有工匠精神	10				
学习能力	依据现实需要，利用具备的知识技能、现有资源或多渠道进行有效资源查阅搜集，不断学习新知识、新技术，寻找解决实际问题的方法步骤，完成项目任务	10				
技能操作	（1）识图能力强； （2）熟悉加工工艺流程选择、技能技巧工艺路线优化； （3）熟练掌握钳工专业所学各项操作技能，基本功扎实； （4）动手能力强，能做到理论联系实际，并能灵活应用； （5）熟悉质量检测及分析方法，结合实际，提高自己的综合实践能力； （6）掌握加工精度控制和尺寸链的基本算法	10				
创新意识	能从资源学习（如阅览相关技术资料、搜集与观看相关视频等）中受到启发，可以优化项目完成方法或工艺，或者有独到见解被采纳	10				
学习成果（作品）	通过学习和规范的技能操作，使得学习成果（作品）达到项目目标要求	20				
合计		100				

注：等级评定：A代表"优"（10分）；B代表"好"（8分）；C代表"一般"（6分）；D代表"有待提高"（4分）。

（二）小组评价

小组评价见表2-31。

表 2-31 小组评价表

被评人姓名：_____   学号：_____号   ___年___月___日   评价人：_____

评价项目	评价标准	配分	等级评定			
			A	B	C	D
学习（工作）态度	态度端正、工作认真，没有无故缺席、迟到、早退、脱岗现象；及时完成各项学习任务，不拖延	10				
安全文明操作习惯	习惯良好，遵守钳工各项操作规程，文明操作	10				
设备及工、量、刃具的使用	会正确选择钳工常用设备及工、量、刃具，并能正确使用	10				

表2-31(续)

评价项目	评价标准	配分	等级评定			
			A	B	C	D
社会能力	能与同学、小组成员积极沟通、交流合作,具有一定的组织能力和协调能力	10				
职业素养	与企业岗位需求接轨,爱岗敬业,养成良好的职业行为习惯;热爱劳动,有工匠精神	10				
学习能力	依据现实需要,利用具备的知识技能、现有资源或多渠道进行有效资源查阅搜集,不断学习新知识、新技术,寻找解决实际问题的方法步骤,完成项目任务	10				
技能操作	(1)识图能力强; (2)熟悉加工工艺流程选择、技能技巧工艺路线优化; (3)熟练掌握钳工专业所学各项操作技能,基本功扎实; (4)动手能力强,能做到理论联系实际,并能灵活应用; (5)熟悉质量检测及分析方法,结合实际,提高自己的综合实践能力; (6)掌握加工精度控制和尺寸链的基本算法	10				
创新意识	能从资源学习(如阅览相关技术资料、搜集与观看相关视频等)中受到启发,可以优化项目完成方法或工艺,或者有独到见解被采纳	10				
学习成果(作品)	通过学习和规范的技能操作,使得学习成果(作品)达到项目目标要求	20				
合计		100				

注:等级评定:A代表"优"(10分);B代表"好"(8分);C代表"一般"(6分);D代表"有待提高"(4分)。

(三)教师评价

教师评价见表2-32。

表2-32 教师评价表

被评人姓名:_____ 学号:_____号 ____年____月____日 教师:_____

评价项目	评价标准	配分	等级评定			
			A	B	C	D
学习(工作)态度	态度端正、工作认真,没有无故缺席、迟到、早退、脱岗现象;及时完成各项学习任务,不拖延	10				
安全文明操作习惯	习惯良好,遵守钳工各项操作规程,文明操作	10				

表2-32(续)

评价项目	评价标准	配分	等级评定			
			A	B	C	D
设备及工、量、刃具的使用	会正确选择钳工常用设备及工、量、刃具,并能正确使用	10				
社会能力	能与同学、小组成员积极沟通、交流合作,具有一定的组织能力和协调能力	10				
职业素养	与企业岗位需求接轨,爱岗敬业,养成良好的职业行为习惯;热爱劳动,有工匠精神	10				
学习能力	依据现实需要,利用具备的知识技能、现有资源或多渠道进行有效资源查阅搜集,不断学习新知识、新技术,寻找解决实际问题的方法步骤,完成项目任务	10				
技能操作	(1)识图能力强; (2)熟悉加工工艺流程选择、技能技巧工艺路线优化; (3)熟练掌握钳工专业所学各项操作技能,基本功扎实; (4)动手能力强,能做到理论联系实际,并能灵活应用; (5)熟悉质量检测及分析方法,结合实际,提高自己的综合实践能力; (6)掌握加工精度控制和尺寸链的基本算法	10				
创新意识	能从资源学习(如阅览相关技术资料、搜集与观看相关视频等)中受到启发,可以优化项目完成方法或工艺,或者有独到见解被采纳	10				
学习成果(作品)	通过学习和规范的技能操作,使得学习成果(作品)达到项目目标要求	20				
合计		100				

注:等级评定:A代表"优"(10分);B代表"好"(8分);C代表"一般"(6分);D代表"有待提高"(4分)。

(四)综合评价

综合评价见表2-33。

表2-33　综合评价表

班级:_____　　　　　　　　　　　　　　　　　　　　　　　　时间:_____

姓名	评价占比			综合评分
	自我评价(20%)	小组评价(20%)	教师评价(60%)	

表2-33(续)

姓名	评价占比			综合评分
	自我评价（20%）	小组评价（20%）	教师评价（60%）	

二、作业成果展示评价

（一）小组评价

将个人的作业成果先进行分组展示，再由小组推荐代表做必要的介绍。在作业成果的展示过程中，学生以小组为单位对其进行评价。评价完成后，将其他小组成员对本小组展示的作业成果的评价意见进行归纳总结，并完成如下题目。

（1）展示的作业成果符合要求吗？

符合□　　　　　　不符合□

（2）与其他小组相比，你认为本小组的作业成果的质量如何？

优秀□　　　　　合格□　　　　　　一般□

（3）本小组介绍作业成果时的表达是否清晰？

很好□　　　　　一般□　　　　　　不清晰□

（4）本小组演示作业成果检测方法的操作正确吗？

正确□　　　　　部分正确□　　　　不正确□

（5）本小组在演示操作时遵循了"6S"的工作要求吗？

符合工作要求□　　忽略了部分要求□　　完全没有遵循工作要求□

（6）本小组成员的团队创新精神如何？

良好□　　　　　一般□　　　　　　不足□

（7）在本次任务中，你所在的小组是否达到学习目标？你对所在小组的建议是什么？你给所在小组的评分是多少？

_____

（二）自我评价

自我评价小结：

_____

（三）教师评价

教师对各小组展示的作业成果分别做评价。

（1）对各小组的优点进行点评。

（2）对展示过程中各小组的缺点进行点评，改进学习方法。

（3）总结整个任务完成过程中出现的亮点和不足。

（四）综合评价

任课教师：_____   _____年_____月_____日

项目二小结

U形板制作

读图（步骤：读形状、大小、要求、基准、最大轮廓尺寸、画法、加工工艺步骤）

测量技术（包括：尺寸测量、形状、位置精度、表面粗糙度测量）

锉平面（锉刀常识，锉平面方法、适用情况、质量要求及检测）

划线（概念、分类、作用、要求、工具、方法步骤）

锯削技术（手锯常识，锯削操作要领、要求，不同形状工具的锯削方法）

板料锯、锉长方及质量检测（加工工艺步骤、检测项目分析及测法）

錾削技术（手锤、錾子常识，錾削技术要领、要求、方法）

锉曲面（工具选用，锉削方法、适用情况、质量要求及检测方法）

孔加工（设备、工作内容、麻花钻结构、刃磨要求方法、平面划线钻孔方法）

螺纹加工（工具常识，准备工作，攻、套螺纹方法、步骤及注意事项）

刮削与研磨（概念、应用、工具、正确操作方法、注意事项）

U形板制作工艺及质量检测（工艺步骤制定原则、工件合格标准及检测）

项目三

核桃夹制作

>>> 项目任务书

一、工作情境描述

某干果销售店铺进行营销策划，对新进店的一批核桃进行促销，促销策略之一是向购买 1.5 kg 以上核桃的顾客赠送一把核桃夹。

学院每学期都有钳工实训课，在学生学习了钳工基础知识，具备了钳工基本技能后，可以与商家展开合作，承担这一加工制作任务。其目的在于：① 锻炼学生灵活运用已经学过的技术完成工作任务；② 根据工作目标需要探索和学习新技术；③ 将所学技术与实际生产和生活实践相结合，产生经济效益，降低实习材料消耗成本，学以致用，满足学生的成就感。

为此，本次实训课安排了"核桃夹制作项目"专题，计划让学生利用20课时的时间完成此任务。

要求制作的核桃夹作品有以下三个特点。

(1)实用、好用、耐用，能夹开核桃且不破碎。

(2)美观，有艺术欣赏性。

(3)作品整体顺向锉纹，光滑无毛刺($Ra1.6$以上)、无锐边。

二、核桃夹作业图

学生既可自行搜集、设计核桃夹作业图，也可以用教师提供的核桃夹作业图。核桃夹作业参考图如图 3-1 所示。

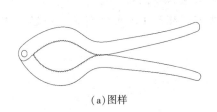
(a)图样

(b)实物

图 3-1　核桃夹作业参考图

任务一 读项目任务书及作业图

任务目标

【知识目标】

(1)理解项目任务书所表达的内容和信息。

(2)巩固读项目任务书的方法和步骤。

【能力目标】

(1)会读项目任务书。

(2)能运用已掌握的机械制图、公差、机械制造工艺等知识，全面准确地读出作业图所表达的内容和信息。

(3)通过学习，会制定产品从设计到诞生经历的学习、工作流程。

(4)随着加工制作过程的深入，不断完善并最终编制出科学合理的核桃夹加工工艺步骤，并能举一反三、触类旁通，解决类似的实际问题。

(5)培养运用知识、智慧分析和解决实际问题的能力，以及创新思维。

【思政目标】

感受校企合作氛围，培养学生严谨、认真的学习及工作态度，树立爱岗敬业的职业品质。

任务准备

(1)项目任务书、教材、钳工核桃夹制作操作视频等资源。

(2)核桃夹实物。

任务导学

(1)本项目的工作任务是什么？为什么安排这项工作任务？

(2)如何读项目任务书？项目任务书通常能表达哪些内容信息？

(3)为了完成此项工作任务，需要具备哪些知识和技术？如何有条理地尽快学会这种操作技能？

(4)你能否编制这一任务的合理工作流程？

知识链接

一、读项目任务书

项目任务书呈现的是学生要完成的工作任务，一般情况下包含以下内容：

（1）具体的工作任务、目的；

（2）工期；

（3）工作任务作业图样；

（4）任务作品质量技术要求；

…………

本项目要求学生加工制作生活中的实用工具——核桃夹，目的是让学生巩固学过的钳工基本操作技术，学习矫正与弯形、铆接操作技术。

工期为 20 学时，有作业图及作品质量技术要求。

二、读作业图（结合核桃夹作业图及实物）

作业图是设计者和生产者联系的桥梁。生产者通过读作业图能明确设计者的意图和要求。正确读作业图是钳工必须具备的能力之一，其方法如下。

（1）读作业件形状。

（2）读作业件大小（尺寸）。

（3）读作业件要求（针对单个作业件）。

① 尺寸要求。

② 形状要求。

③ 位置要求。

④ 表面粗糙度要求。

⑤ 其他技术要求。

（4）读出作业件划线基准（平面 2 个；立体 3 个）。

（5）读作业件最大轮廓尺寸（平面 2 个；立体 3 个，用于备料或检查来料尺寸）。

（6）分析作业件图形画法。

（7）分析作业件加工工艺方法和步骤。

形状规则工件加工工艺步骤的制定原则如下。

① 先基准后其他。

② 先大（或长）后小（或短）。

③ 先平行后垂直。

④ 先直后曲。

⑤ 先内后外。

按照上述方法分析核桃夹作业图（见图 3-1），可知：要加工制作的核桃夹形状及大小没有给出具体要求，只给出了参考图样、实物作品和总体要求，需要学生发挥自己的艺术和审美素养，自行设计样式。

个人作业图：既可以自行搜集、设计，也可以用教师提供的核桃夹作业参考图（图3-1）。

三、工作任务要素分析

用钳工方法加工制作核桃夹作业件，根据其结构特点和要求可以推知，学生不仅需要对读图(或自己设计图样)、测量、划线、锯削、锉削、錾削、孔加工、研磨等基本操作技术进行综合运用，还要学习矫正与弯形、铆接新技术。这需要学生有计划、分步骤地进行学习。

针对本项目制订的工作任务学习计划如下。

任务一：接受任务书，分析制订计划。

任务二：任务实施——核桃夹制作。

任务三：项目工作评价及反馈。

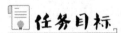
任务思考

(1)制作核桃夹的目的是什么？

(2)加工制作核桃夹需要哪些钳工基本操作技术的支撑？

任务二　核桃夹制作工艺及技术方法

任务目标

【知识目标】

掌握矫正与弯形、铆接的工艺理论。

【能力目标】

(1)巩固已学过的测量、划线、锯削、锉削、孔加工和研磨的基本技能。

(2)学习矫正与弯形技能。

(3)学习铆接技能。

(4)培养学生灵活应用已经掌握的钳工加工技术加工特殊形面的能力。

(5)培养学生的兴趣创作意识和综合运用钳工各项技能解决实际问题的能力，成为零件、工具加工的能工巧匠。

【思政目标】

(1)培养学生重视安全文明生产的良好习惯。

(2)培养学生勤于思考、善于实践、团结协作、勇于创新、追求品质的工作作风。

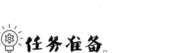

（1）项目任务书、教材、矫正与弯形技术操作视频等资源。

（2）钳工矫正与弯形需要的实训设备、材料，以及工、量具。

（3）学会核桃夹制作需要的矫正与弯形、铆接操作技术。

（4）明确并学会核桃夹制作需要的各项操作技术，并能灵活运用这些技术解决实际问题。

任务导学

（1）制作核桃夹需要使用哪些钳工基本技术？你具备其中哪些技术？还需要学习哪些新技术？

（2）你会对弯曲、翘曲、扭曲的材料进行矫正吗？用何种工具进行矫正？如何操作？

（3）你会对平整的板料、条料、棒料、管料等进行弯形吗？用何种工具进行弯形？如何操作？

（4）你了解铆接技术吗？它有哪些形式？如何操作？

知识链接

一、矫正与弯形

（一）材料的矫正

消除材料或制件的弯曲、扭曲、凸凹不平等缺陷的操作方法称为矫正。

矫正

矫正既可以在机器上进行，也可以用手工进行。

1. **手工矫正的工具**

（1）支承工具。

支承工具是矫正板材和型材的基座，要求表面平整。常用的支承工具有平板、铁砧、台虎钳和V形架等。

（2）施力工具。

① 软手锤、硬手锤。矫正一般材料通常使用钳工手锤和方头手锤；矫正已加工过的表面、薄钢件或有色金属制件，应使用铜锤、木锤、橡皮锤等软手锤。图3-2（a）所示为木锤矫正板料。

② 抽条和拍板。抽条是用条状薄板料弯成的简易工具，用于抽打较大面积的板料，如图3-2（b）所示；拍板是用质地较硬的檀木制成的专用工具，用于敲打板料，如图3-2（c）所示。

③ 螺旋压力工具。它适用于矫直较大的轴类工件或棒料，如图3-2（d）所示。

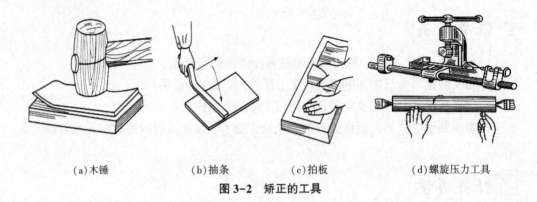

(a)木锤　　　　　(b)抽条　　　(c)拍板　　　　(d)螺旋压力工具

图3-2　矫正的工具

(3)检验工具。

检验工具包括平板、90°直角尺、直尺和百分表等。

2. 手工矫正方法

(1)扭转法。如图3-3所示，扭转法是用来矫正条料扭曲变形的。一般将条料夹持在台虎钳上，并用扳手把条料扭转到原来的形状。

图3-3　扭转法

(2)伸张法。如图3-4所示，伸张法是用来矫正各种细长线材的卷曲变形。这种方法比较简单，只要将线材的一头固定，然后从固定处开始，将卷曲线材绕圆木一周，并紧捏圆木向后拉，使线材在拉力作用下绕过圆木并得到伸长矫直。

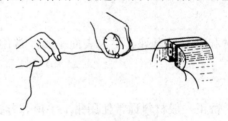

图3-4　伸张法

(3)弯形法。如图3-5所示，弯形法是用来矫正各种弯曲的棒料、在厚度方向上弯曲的条料。一般可用台虎钳在靠近棒料或条料弯曲处进行夹持，并用活动扳手把弯曲部分扳直，如图3-5(a)所示；或用台虎钳将弯曲部分夹持在钳口内，并利用台虎钳把它初步压直，如图3-5(b)所示；再放在平板上用手锤矫直，如图3-5(c)所示。直径大的棒料和厚度大的条料，常采用压力机矫直。

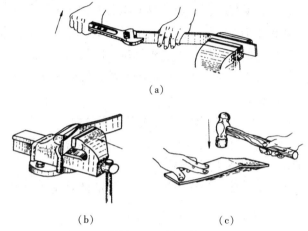

（a）

（b）　　　　　　（c）

图3-5　弯形法

（4）延展法。这种方法是用手锤敲击材料，使它延展伸长，以达到矫正的目的，所以通常又称锤击矫正法。延展法用于金属板料及角钢的凸起、翘曲等变形的矫正。

在宽度方向上弯曲的条料若利用弯形法矫直，则会发生裂痕或折断。因此，该条料可用延展法来矫直，即锤击弯曲里边的材料，以使里边的材料延展伸长，从而得到矫直，如图3-6所示。

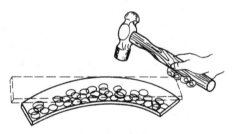

图3-6　延展法

3. 薄板变形的原因分析及矫正方法

金属薄板最容易产生中部凸凹、边缘呈波浪形、翘曲等变形，可采用延展法进行矫正，如图3-7所示。

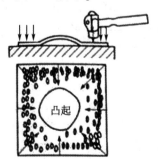

（a）中间凸起时的锤击点和方向

（b）四周波纹状时的锤击

（c）对角翘曲时的锤击方向

图3-7　薄板的矫平

薄板中间凸起是变形后的中间材料变薄引起的。在矫正时，可锤击板料的边缘，并使边缘材料延展变薄，其厚度与凸起部位的厚度越趋近，则越平整，图3-7(a)中箭头所示方向即锤击位置。在锤击时，由里向外逐渐由轻到重、由稀到密。若直接锤击凸起部位，则会使凸起部位变得更薄。这样不但达不到矫平的目的，反而使凸起更为严重。若在薄板的表面有相邻几处凸起，则应先在凸起的交界处轻轻锤击，以使几处凸起合并成一处，再锤击四周，从而矫平。

如果薄板四周呈波纹状，那么说明板料的四边变薄而伸长了。如图3-7(b)所示，锤击点应从中间向四周展开，并按照图中箭头所示方向，密度应逐渐变稀，且力量逐渐减小。经反复多次锤打，使板料达到平整。

如果薄板发生对角翘曲，那么就应沿另外没有翘曲的对角线锤击，以使其延展而矫平，如图3-7(c)所示。

当薄板有微小扭曲时，可用抽条按照从左到右的顺序抽打平面，如图3-2(b)所示。因为抽条与板料的接触面积较大，且受力均匀，所以容易达到平整。

如果板料是铜箔、铝箔等薄而软的材料，那么可用平整的木块，在平板上推压材料的表面，如图3-2(c)所示，使其达到平整；也可用木槌或橡皮锤锤击。

角钢的变形有内弯、外弯、扭曲和角变形等多种形式，其矫正方法如图3-8所示。

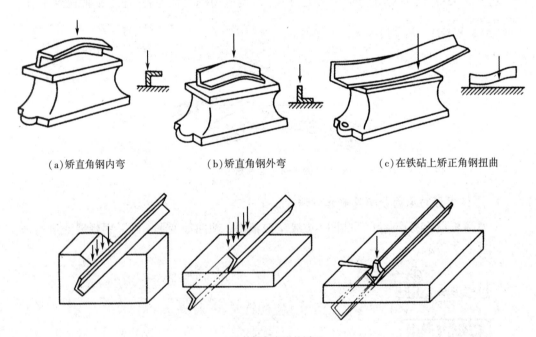

(a)矫直角钢内弯　　　　　　(b)矫直角钢外弯　　　　　(c)在铁砧上矫正角钢扭曲

(d)角钢角变形的矫正

图3-8　角钢变形的矫正方法

（二）弯形

将坯料（如板料、条料或管子等）弯成所需形状的加工方法称为弯形。弯形是通过使材料产生塑性变形而实现的，因此，只有塑性好的材料才能进行弯形。弯形后，外层材料伸长，内层材料缩短，中间一层材料长度不变（称为中性层）。弯形部分的材料虽然产生拉伸和压缩，但其截面积保持不变。钢板的弯形情况如图3-9所示。

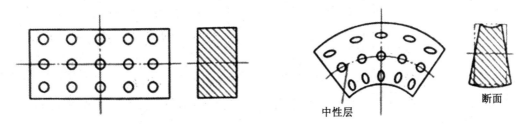

（a）弯形前　　　　　　　　　　　　　　　　　（b）弯形后

图 3-9　钢板的弯形情况

越靠近材料表面的弯形工件，金属变形越严重，也就越容易出现拉裂或压裂现象。对于相同材料的弯形，工件外层材料变形的大小，取决于工件的弯形半径。弯形半径越小，则外层材料变形越大。为了防止弯形件拉裂或压裂，必须限制工件的最小弯形半径，以使它大于导致材料开裂的临界弯形半径。

1. 在弯形前落料长度的计算

在对工件进行弯形前，要做好坯料长度的计算。否则，若落料长度太长，则会导致材料的浪费；若落料长度太短，则达不到弯形尺寸。在工件弯形后，只有中性层的长度不变，因此，计算弯形工件的毛坯长度时，可以按照中性层的长度计算。需要注意的是，在材料弯形后，中性层一般不在材料的正中，而是偏向内层材料一边。实验结果证明，中性层的实际位置与材料的弯形半径（r）和材料厚度（t）有关。

表3-1为弯形的中性层位置系数 x_0 的数值。从表中 r/t 的比值可知，当内弯形半径为 $r/t \geq 16$ 时，中性层在材料中间（即中性层与几何中心层重合）。在一般情况下，为简化计算，当 $r/t \geq 8$ 时，即可按照 $x_0 = 0.5$ 进行计算。

表3-1　弯形的中性层位置系数 x_0

r/t	0.25	0.5	0.8	1	2	3	4	5
x_0	0.2	0.25	0.3	0.35	0.37	0.4	0.41	0.43
r/t	6	7	8	10	12	14	≥ 16	
x_0	0.44	0.45	0.46	0.47	0.48	0.49	0.5	

内边带圆弧制件的毛坯长度等于直线部分（不变形部分）的长度和圆弧的中性层长度（弯形部分）之和。圆弧部分的中性层长度可按照式（3-1）计算：

$$A = \pi(r + x_0 t)\frac{\alpha}{180°} \tag{3-1}$$

式中，A——圆弧部分的中性层长度，mm；

　　　r——内弯形半径，mm；

　　　x_0——中性层位置系数；

　　　t——材料厚度，mm；

　　　α——弯形角，即弯形中心角，(°)，如图 3-10 所示。

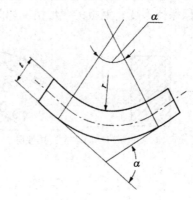

图 3-10　弯形与弯形中心角

若内边弯形成直角不带圆弧的制件，则求毛坯长度时，可按照弯形前后毛坯体积不变的原理进行计算。一般采用式(3-1)计算，并取 $A = 0.5t$。

图 3-11 为常见的弯形形式，其中图 3-11(a)(b)(c)为内面带圆弧的制件，图 3-11(d)为内面带直角的制件。

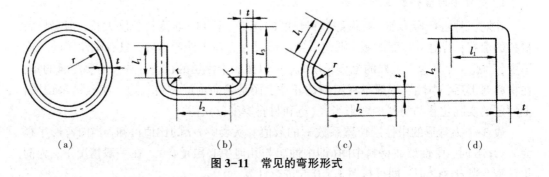

| (a) | (b) | (c) | (d) |

图 3-11　常见的弯形形式

2. 落料长度计算举例

【例 3-1】　把厚度为 $t = 4$ mm 的钢板坯料弯成如图 3-11(c)所示的制件，若弯形角为 $\alpha = 120°$，内弯形半径为 $r = 16$ mm，边长为 $l_1 = 60$ mm，$l_2 = 120$ mm，求坯料长度 l。

解：

$\dfrac{r}{t} = \dfrac{16}{4} = 4$，查表 3-1 得 $x_0 = 0.41$，则

$$A = \pi(r + x_0 t)\frac{\alpha}{180°} = 3.14 \times (16 + 0.41 \times 4) \times \frac{120°}{180°} \approx 36.9\,(\text{mm})$$

$$l = l_1 + l_2 + A = 60 + 120 + 36.9 = 216.9\,(\text{mm})$$

【例3-2】　把厚度为 $t=3$ mm 的钢板坯料弯成如图3-11(d)所示的制件，若 $l_1=$ 60 mm, $l_2=100$ mm，求坯料长度 l。

解:

因弯形制件内面带直角，所以

$$l=l_1+l_2+A$$
$$=l_1+l_2+0.5t$$
$$=60+100+0.5\times3$$
$$=161.5\text{(mm)}$$

由于材料本身性质的差异，以及弯形工艺和操作方法的不同，理论上计算的坯料长度和实际需要的坯料长度之间会存在一定误差。因此，成批生产工件时，要采用试弯的方法确定坯料长度，以免造成成批废品。

3. 常见工件的弯形方法

常见工件的弯形方法有冷弯和热弯两种。在常温下进行的弯形称为冷弯；当弯形材料厚度大于5 mm 及弯制直径较大的棒料和管料工件时，常需要将工件加热后再弯形，这种方法称为热弯。弯形虽然是塑性变形，但也有弹性变形存在，为抵消材料的弹性变形，弯形过程中应多弯一些。

(1)板料在厚度方向的弯形。

① 直角工件的弯形。板料工件中，既有一个直角的，也有几个直角的。如果工件形状简单、尺寸不大且能在台虎钳上装夹的，就在台虎钳上弯制直角。弯曲前，应先在弯曲部位划好线，将所划的线与钳口(或衬铁)对齐装夹，两边要与钳口垂直，用木锤敲打至直角即可。

板料在厚度方向的弯形

被装夹的板料，如果弯曲线以上部分较长，为了避免锤击时板料发生弹跳现象，可用左手压住材料上部，用木锤在靠近弯曲部位的全长上轻轻敲打，如图3-12(a)所示，使弯曲线以上的平面部分不受到锤击，不产生回跳现象，保持原来的平整。如图3-12(b)所示，如果敲打板料上端，由于板料的回跳，不但使平面不平，而且角度也不易弯好。如果弯曲线以上部分较短，应将图3-12(c)所示的硬木块垫在弯曲处再敲打，直至将板料弯成直角。

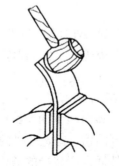
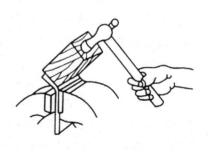

(a)弯较长工件直角的正确方法　　(b)弯较长工件直角的错误方法　　(c)弯较短工件直角的方法

图3-12　将板料在台虎钳上弯成直角

弯制各种多直角工件时，可用木垫或金属垫作为辅助工具，图 3-13 所示为弯多直角工件的顺序。

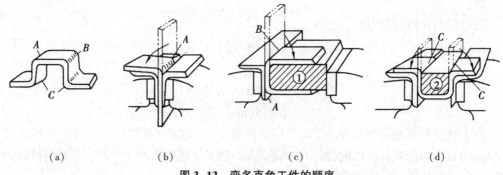

(a)　　　　　　　(b)　　　　　　　(c)　　　　　　　(d)

图 3-13　弯多直角工件的顺序

先将板料按照划线夹入角铁衬垫[图 3-13(a)]内弯成 A 角，如图 3-13(b)所示；再用衬垫①弯成 B 角，如图 3-13(c)所示；最后用衬垫②弯成 C 角，如图 3-13(d)所示。

② 其他角度工件的弯形。其他角度的板料在厚度方向上的弯形与直角弯形技术同理(见图 3-12)，只要控制好弯形角度即可。

③ 圆弧形工件的弯形。弯圆弧形工件的顺序如图 3-14 所示。先在材料上划好弯曲线，按照所划的线将材料装夹在台虎钳的两块角铁衬垫[图 3-14(a)]里，用方头锤子的窄头锤击，经过图 3-14(b)(c)(d)三步初步成形；再在半圆模上修整圆弧，如图 3-14(e)所示，使其形状符合图样要求。

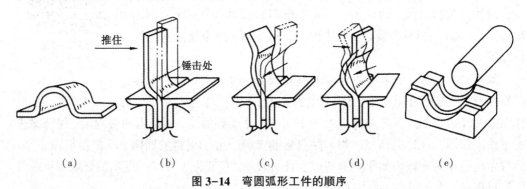

(a)　　　　　　(b)　　　　　　(c)　　　　　　(d)　　　　　　(e)

图 3-14　弯圆弧形工件的顺序

(2)板料在宽度方向的弯形。

如图 3-15(a)所示，利用金属材料的延伸性能，在弯形的外弯部分进行锤击，以使材料朝一个方向渐渐延伸，并达到弯形的目的。较窄的板料可在 V 形铁上或特制弯形模上，用锤击法使工件变形并弯形，如图 3-15(b)所示。另外，可在简单的弯形工具上进行弯形，如图 3-15(c)所示。弯形工具由底板、转盘和手柄等组成，在两只转盘的圆周上都有按照工件厚度而车制的槽。固定转盘的直径与弯形圆弧一致。使用固定转盘时，将工件插入两转盘的槽内，并移动活动转盘手柄，使工件达到所要求的弯形形状。

板料在宽度方向的弯形

（a）锤击外弯部分

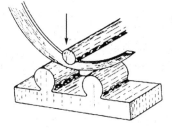
（b）在特制的弯形模上弯形

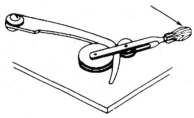
（c）在弯形工具上弯形

图 3-15　板料在宽度方向的弯形

（3）管子的弯形。

直径在 12 mm 以下的管子一般可用冷弯方法弯曲成形，直径在 12 mm 以上的管子则采用热弯方法弯曲成形。最小弯形半径必须大于管子直径的 4 倍。

当所弯曲的管子直径在 10 mm 以上时，为了防止将管子弯瘪，必须在管内灌满干沙（灌沙时，用木棒敲击管子，使沙子灌得结实些），两端用木塞塞紧[见图 3-16(a)]。对于有焊缝的管子，焊缝必须放在中性层的位置上[见图 3-16(b)]，否则会使焊缝裂开。

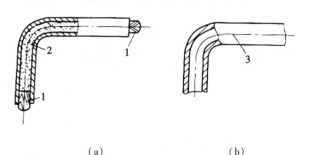

（a）　　　　　　　　　　（b）
图 3-16　冷弯管子的方法
1—木塞；2—沙子；3—焊缝

冷弯管子通常在弯管工具上进行。图 3-17 所示是一种结构简单、弯曲小直径管子的弯管工具。它由底板、靠铁、转盘、钩子和手柄等组成。转盘圆周和靠铁侧面有圆槽。圆弧按照所弯管子直径而定(最大可制成半径 12 mm)。当转盘和靠铁的位置固定后，即可使用。使用时，将管子插入转盘和靠铁的圆弧槽中，用钩子钩住管子，按照所需弯曲的位置扳动手柄，使管子跟随手柄弯制到所需角度。

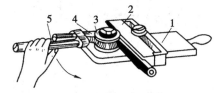

图 3-17　弯管工具
1—底板；2—靠铁；3—转盘；4—钩子；5—手柄

（三）矫正和弯形时的质量分析

矫正和弯形时的废品形式及产生原因见表3-2。

表3-2　矫正和弯形时的废品形式及产生原因

废品形式	产生原因
工件表面留有麻点或锤痕	锤击时锤子歪斜，锤的边缘与工件材料接触，或锤面不光滑，以及对加工过的表面或有色金属矫正时，用硬锤直接锤击
工件断裂	矫正或弯曲过程中多次折弯，破坏了金属组织，或工件塑性较差、r/t 值过小，材料发生较大的变形
工件弯斜或尺寸不准确	工件夹持不正或夹持不紧，锤击时偏向一边，或选用不正确的模具，锤击力过重
材料长度不够	弯形前毛坯长度计算错误
管子熔化或表面严重氧化	管子热弯温度太高
管子有瘪痕	沙没灌满，或弯曲半径偏小，重弯时管子产生瘪痕
焊缝裂开	管子焊缝没有放在中性层的位置上进行弯曲

以上几种废品形式，只要在工作中细心操作和仔细检查、计算，都是可以避免的。

二、铆接

（一）铆接知识

用铆钉连接两个或两个以上的零件或构件的操作方法称为铆接。图3-18为铆接示意图。

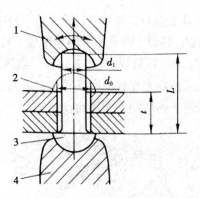

图3-18　铆接示意图
1—罩模；2—铆合头；3—铆钉头；4—顶模

1. 铆接的种类

铆接的种类及应用见表3-3。

表3-3 铆接的种类及应用

铆接种类			结构特点及应用
按照使用要求分类	活动铆接		其结合部位可以相互转动。用于钢丝钳、剪刀、划规等工具的铆接
	固定铆接	强固铆接	应用于结构需要有足够的强度、承受强大作用力的地方，如桥梁、车辆、起重机等
		紧密铆接	只能承受很小的均匀压力，但要求接缝处非常严密，以防渗漏，应用于低压容器装置，如气筒、水箱、油罐等
		强密铆接	能承受很大的压力，要求接缝非常紧密，即使在较大压力下液体或气体也应保持不渗漏。一般应用于锅炉、压缩空气罐及其他高压容器
按照铆接方法分类	冷铆		铆接时，铆钉不需加热，直接镦出铆合头，应用于直径在8 mm以下的钢制铆钉。采用冷铆的铆钉材料必须具有较好的塑性
	热铆		将整个铆钉加热到一定温度后再铆接。铆钉塑性好、易成形，冷却后结合强度高。热铆时，铆钉孔直径应放大0.5~1.0 mm，使铆钉在热态时容易插入。直径大于8 mm的钢铆钉多采用热铆
	混合铆		只把铆钉的铆合头端部加热，以避免铆接时铆钉杆的弯曲。适用于细长的铆钉

2. 铆钉及铆接工具

（1）铆钉。

按照材料不同，铆钉可分为钢质、铜质、铝质铆钉。按照形状不同，铆钉可分为平头、半圆头、沉头、半圆沉头、管状空心和传动带铆钉，其种类及应用见表3-4。

表3-4 铆钉的种类及应用

名称	形状	应用
平头铆钉		铆接方便，应用广泛，常用于一般无特殊要求的铆接中，如铁皮箱盒、防护罩壳及其他结合件
半圆头铆钉		应用广泛，钢结构的屋架、桥梁、车辆和起重机等常用这种铆钉
沉头铆钉		应用于框架等制品表面要求平整的地方，如铁皮箱柜的门窗及某些手用工具等

表3-4(续)

名称	形状	应用
半圆沉头铆钉		用于有防滑要求的地方,如踏脚板和楼梯板等
管状空心铆钉		用于铆接处有空心要求的地方,如电器部件的铆接等
传动带铆钉		用于铆接机床制动带及毛毡、橡胶、皮革材料的制件

铆钉的具体规格和表示方法根据不同的标准和制造商有所不同,一些常见的铆钉规格示例如下。

① 钢铆钉:M4×12 mm。该表示方法表示铆钉的直径为4 mm、长度为12 mm,铆钉由钢材料制成。

② 钢铆钉帽:M6×20 mm。该表示方法表示铆钉帽的直径为6 mm、长度为20 mm,铆钉帽由钢材料制成。

铆钉的标记中一般要标出直径、长度和国家标准代号。例如,铆钉"5×20 GB 867—86"表示铆钉直径为5mm、长度为20 mm,国家标准代号为GB 867—86。

(2)铆接工具。

手工铆接工具除锤子外,还有压紧冲头、罩模、顶模等,如图3-19所示。铆接时,罩模用于镦出完整的铆合头;顶模用于顶住铆钉原头,这样既有利于铆接又不损伤铆钉原头。

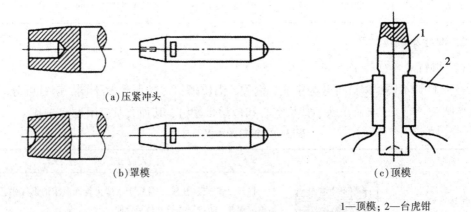

(a)压紧冲头

(b)罩模

(c)顶模

1—顶模;2—台虎钳

图3-19 手工铆接工具

3. 铆接形式及铆距

(1)铆接形式。

由于铆接时的构件要求不一样,所以铆接分为搭接、对接和角接等几种形式,如图3-20所示。

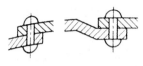

| 两块平板 | 一块板折边 | 单盖板式 | 双盖板式 | 单角钢式 | 双角钢式 |

（a）搭接　　　　　　　　（b）对接　　　　　　　　（c）角接

图3-20 铆接形式

（2）铆距。

铆距指铆钉间或铆钉与铆接板边缘的距离。在铆接连接结构中，有三种隐蔽性的损坏情况，即沿铆钉中心线被拉断、铆钉被剪切断裂、孔壁被铆钉压坏。因此，按照结构和工艺的要求，铆钉的排列距离有一定的规定：若铆钉并列排列，则铆钉距为 $t>3d$（d 为铆钉直径）。铆钉中心到铆接板边缘的距离要求：若铆钉孔是钻孔，则该距离约为 $1.5d$；若铆钉孔是冲孔，则该距离约为 $2.5d$。

4. 铆钉直径、长度及铆钉孔直径的确定

（1）铆钉直径的确定。

铆钉直径的大小与被连接板的厚度有关，当被连接板的厚度相同时，铆钉直径等于板厚的 1.8 倍；当被连接板的厚度不同，搭接连接时，铆钉直径等于最小板厚的 1.8 倍。铆钉直径及钉孔直径见表3-5，铆钉直径可以在计算后进行圆整。

表3-5 铆钉直径及钉孔直径　　　　　　　　单位：mm

铆钉直径（d）		2.0	2.5	3.0	4.0	5.0	6.0	8.0	10.0
钉孔直径（d_0）	精装配	2.1	2.6	3.1	4.1	5.2	6.2	8.2	10.3
	粗装配	2.2	2.7	3.4	4.5	5.6	6.5	8.5	11.0

（2）铆钉长度的确定。

计算铆钉杆所需长度时，除了考虑被铆接件的总厚度外，还需保留足够的伸出长度，用来铆制完整的铆合头，从而获得足够的铆合强度。铆钉杆的长度可用式（3-2）和式（3-3）计算：

半圆头铆钉杆长度：

$$L=s+(1.25\sim1.5)d \tag{3-2}$$

沉头铆钉杆长度：

$$L=s+(0.8\sim1.2)d \tag{3-3}$$

式（3-2）和式（3-3）中，s——被铆接件总厚度，mm；

d——铆钉直径，mm。

（3）铆钉孔直径的确定。

铆接时，铆钉孔直径的大小应随连接要求的不同而有所变化。若孔径过小，则铆钉插入困难；若孔径过大，则铆合后的工件容易松动。合适的钉孔直径应按照表3-5进行选取。

铆钉尺寸计算关系如图3-21所示。

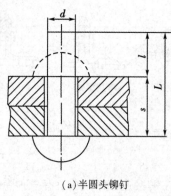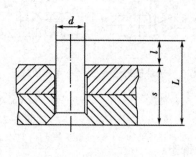

（a）半圆头铆钉   （b）沉头铆钉

图3-21 铆钉尺寸计算关系示意图

【例3-3】 用沉头铆钉搭接连接2 mm和5 mm厚度的两块钢板，试计算铆钉直径、长度及铆钉孔的直径。

解：

已知薄板厚度（t）为2 mm，则

$$d = 1.8t = 1.8 \times 2 = 3.6（mm）$$

按照表3-5圆整后，取$d = 4$ mm，则铆钉长度（L）计算如下：

$$L = s + (0.8 \sim 1.2)d = 2 + 5 + (0.8 \sim 1.2) \times 4 = 10.2 \sim 11.8（mm）$$

铆钉孔直径：精装配时，为4.1 mm；粗装配时，为4.5 mm。

（二）铆接技术操作要领

1．准备工作

（1）确定铆接形式和种类。

（2）确定铆钉孔的加工方法。

（3）确定铆距。

（4）测量被铆接对象的最小厚度和总厚度。

（5）选择铆钉种类，计算铆钉的直径、长度和铆钉孔的直径。

2．铆接操作

（1）铆接件处理：修整、清洁。

（2）铆接（以半圆头铆钉铆接为例）。

把铆合件彼此贴合，按照划线钻铰孔、倒角，并去毛刺，然后插入铆钉。把铆钉原头放在顶模内，用压紧冲头压紧板料［见图3-22（a）］，再用手锤镦粗铆钉的伸出部分［见图3-22（b）］。将四周锤打成型［见图3-22（c）］，最后用罩模修整［见图3-22（d）］。

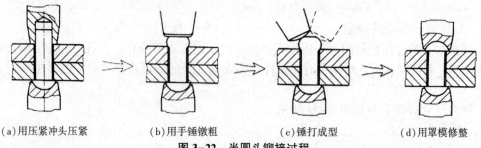

（a）用压紧冲头压紧   （b）用手锤镦粗   （c）锤打成型   （d）用罩模修整

图3-22 半圆头铆接过程

在活动铆接时，要经常检查活动情况，如发现铆接太紧，可把铆钉原头垫在有孔的垫铁上，锤击铆合头，使其活动。

（三）铆接废品分析

在铆接中，可能产生的废品形式及产生原因见表3-6。

表3-6　铆接的废品形式及产生原因

废品形式	产生原因
铆合头偏歪	（1）铆钉太长； （2）铆钉歪斜，铆钉孔没有对准； （3）镦粗铆合头时不垂直
铆合头不光洁或有凹痕	（1）罩模工作面不光洁； （2）铆接时锤击力过大或连续锤击，罩模弹回时棱角碰在铆合头上
半圆铆合头不完整	铆钉太短
沉头座没填满	（1）铆钉太短； （2）镦粗时锤击方向与板料不垂直
原铆钉头没有紧贴工件	（1）铆钉孔直径太小； （2）孔口没有倒角
工件上有凹痕	（1）罩模歪斜； （2）罩模凹坑太大
铆钉杆在孔内弯曲	（1）铆钉孔太大； （2）铆钉杆直径太小
工件之间有间隙	（1）板料不平整； （2）板料没有压紧

三、核桃夹制作

接下来运用已具备的钳工知识与技能，参考如下核桃夹制作工艺步骤，完成本项目的加工任务——加工制作一个符合要求的核桃夹。

下面以核桃夹参考作业图（图3-1）为例，对核桃夹制作工艺步骤进行讲解。

（1）备料。尺寸不小于8 mm×20 mm×180 mm的条料一块，如图3-23所示。

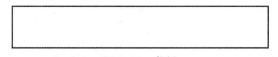

图3-23　条料

（2）板料锉长方。8 mm×20 mm×180 mm（尺寸精度要求不高，位置精度要求较高）。

（3）划线，如图3-24所示。

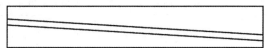

图3-24　划线条料

（4）锯削，如图 3-25 所示。

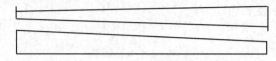

图 3-25　锯削条料

（5）粗修整，倒棱，去毛刺。

（6）弯形，钻孔，再倒棱，再去毛刺，锯锉铆接阶台，修光，如图 3-26 所示。

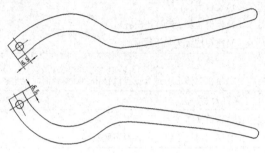

图 3-26　弯形、钻孔

（7）分齿并加工、铆接，如图 3-27 所示。

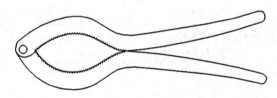

图 3-27　核桃夹成品

（8）全面复检，做必要修整，使其美观、实用、好用。

（9）交件待测。

完成作品后，填写表 3-7。

表 3-7　核桃夹作品评分表

制作者姓名	项目													总分 (100分)
	锯、锉 20 mm× 8 mm× 180 mm 长方 (5分)	划线 (5分)	深缝锯削 (10分)	倒棱、修整、去毛刺 (5分)	弯形 (10分)	钻孔 (5分)	分齿均匀 (10分)	锉齿符合要求 (10分)	锯、锉阶台 (10分)	倒棱 (10分)	修整、锉纹、抛光 (10分)	铆接 (5分)	安全文明操作 (5分)	
学生测评														
教师测评														
备注：														

任务思考

(1)什么叫矫正？什么叫弯形？

(2)金属弯形后会产生哪些变化？什么性质的材料适合弯形？

(3)什么叫中性层？弯形时中性层的位置与哪些因素有关？

(4)求如图 3-11(b)所示弯形工件的毛坯长度，并进行弯形操作。已知：$l_1 =$ 100 mm，$l_2 = 120$ mm，$l_3 = 200$ mm，$r = 5$ mm，$t = 5$ mm。

(5)用 6 mm 的圆钢弯成外径为 156 mm 的圆环，求圆钢的下料长度，并进行弯形操作。

(6)如何确定铆钉直径、铆钉孔直径？如何计算所需铆钉的长度？

(7)在铆接过程中常会出现什么样的问题？应如何解决？

任务三　项目工作评价及反馈

评价目标

(1)能正确规范撰写总结。

(2)对工作项目进行正确评价。

(3)能采用多种形式进行成果展示。

评价与分析

一、工作过程评价

下面采用自我评价、小组评价、教师评价相结合的发展性评价体系对项目工作过程进行评价。

(一)自我评价

自我评价见表 3-8。

表 3-8　自我评价表

班级：_____　　姓名：_____　　学号：_____号　　___年___月___日

评价项目	评价标准	配分	等级评定			
			A	B	C	D
学习(工作)态度	态度端正、工作认真，没有无故缺席、迟到、早退、脱岗现象；及时完成各项学习任务，不拖延	10				

表3-8(续)

评价项目	评价标准	配分	等级评定			
			A	B	C	D
安全文明操作习惯	习惯良好,遵守钳工各项操作规程,文明操作	10				
设备及工、量、刃具的使用	会正确选择钳工常用设备及工、量、刃具,并能正确使用	10				
社会能力	能与同学、小组成员积极沟通、交流合作,具有一定的组织能力和协调能力	10				
职业素养	与企业岗位需求接轨,爱岗敬业,养成良好的职业行为习惯;热爱劳动,有工匠精神	10				
学习能力	依据现实需要,利用具备的知识技能、现有资源或多渠道进行有效资源查阅搜集,不断学习新知识、新技术,寻找解决实际问题的方法步骤,完成项目任务	10				
技能操作	(1)识图能力强; (2)熟悉加工工艺流程选择、技能技巧工艺路线优化; (3)熟练掌握钳工专业所学各项操作技能,基本功扎实; (4)动手能力强,能做到理论联系实际,并能灵活应用; (5)熟悉质量检测及分析方法,结合实际,提高自己的综合实践能力; (6)掌握加工精度控制和尺寸链的基本算法	10				
创新意识	能从资源学习(如阅览相关技术资料、搜集与观看相关视频等)中受到启发,可以优化项目完成方法或工艺,或者有独到见解被采纳	10				
学习成果(作品)	通过学习和规范的技能操作,使得学习成果(作品)达到项目目标要求	20				
合计		100				

注:等级评定:A代表"优"(10分);B代表"好"(8分);C代表"一般"(6分);D代表"有待提高"(4分)。

(二)小组评价

小组评价见表3-9。

表 3-9 小组评价表

被评人姓名：_____ 学号：_____号 ___年___月___日 评价人：_____

评价项目	评价标准	配分	等级评定			
			A	B	C	D
学习(工作)态度	态度端正、工作认真，没有无故缺席、迟到、早退、脱岗现象；及时完成各项学习任务，不拖延	10				
安全文明操作习惯	习惯良好，遵守钳工各项操作规程，文明操作	10				
设备及工、量、刃具的使用	会正确选择钳工常用设备及工、量、刃具，并能正确使用	10				
社会能力	能与同学、小组成员积极沟通、交流合作，具有一定的组织能力和协调能力	10				
职业素养	与企业岗位需求接轨，爱岗敬业，养成良好的职业行为习惯；热爱劳动，有工匠精神	10				
学习能力	依据现实需要，利用具备的知识技能、现有资源或多渠道进行有效资源查阅搜集，不断学习新知识、新技术，寻找解决实际问题的方法步骤，完成项目任务	10				
技能操作	(1)识图能力强； (2)熟悉加工工艺流程选择、技能技巧工艺路线优化； (3)熟练掌握钳工专业所学各项操作技能，基本功扎实； (4)动手能力强，能做到理论联系实际，并能灵活应用； (5)熟悉质量检测及分析方法，结合实际，提高自己的综合实践能力； (6)掌握加工精度控制和尺寸链的基本算法	10				
创新意识	能从资源学习(如阅览相关技术资料、搜集与观看相关视频等)中受到启发，可以优化项目完成方法或工艺，或者有独到见解被采纳	10				
学习成果(作品)	通过学习和规范的技能操作，使得学习成果(作品)达到项目目标要求	20				
合计		100				

注：等级评定：A 代表"优"(10分)；B 代表"好"(8分)；C 代表"一般"(6分)；D 代表"有待提高"(4分)。

(三)教师评价

教师评价见表3-10。

表3-10 教师评价表

被评人姓名：_____ 学号：_____号 ___年___月___日 教师：_____

评价项目	评价标准	配分	等级评定			
			A	B	C	D
学习(工作)态度	态度端正、工作认真，没有无故缺席、迟到、早退、脱岗现象；及时完成各项学习任务，不拖延	10				
安全文明操作习惯	习惯良好，遵守钳工各项操作规程，文明操作	10				
设备及工、量、刃具的使用	会正确选择钳工常用设备及工、量、刃具，并能正确使用	10				
社会能力	能与同学、小组成员积极沟通、交流合作，具有一定的组织能力和协调能力	10				
职业素养	与企业岗位需求接轨，爱岗敬业，养成良好的职业行为习惯；热爱劳动，有工匠精神	10				
学习能力	依据现实需要，利用具备的知识技能、现有资源或多渠道进行有效资源查阅搜集，不断学习新知识、新技术，寻找解决实际问题的方法步骤，完成项目任务	10				
技能操作	(1)识图能力强； (2)熟悉加工工艺流程选择、技能技巧工艺路线优化； (3)熟练掌握钳工专业所学各项操作技能，基本功扎实； (4)动手能力强，能做到理论联系实际，并能灵活应用； (5)熟悉质量检测及分析方法，结合实际，提高自己的综合实践能力； (6)掌握加工精度控制和尺寸链的基本算法	10				
创新意识	能从资源学习(如阅览相关技术资料、搜集与观看相关视频等)中受到启发，可以优化项目完成方法或工艺，或者有独到见解被采纳	10				
学习成果(作品)	通过学习和规范的技能操作，使得学习成果(作品)达到项目目标要求	20				
合计		100				

注：等级评定：A代表"优"(10分)；B代表"好"(8分)；C代表"一般"(6分)；D代表"有待提高"(4分)。

（四）综合评价

综合评价见表3-11。

表3-11 综合评价表

班级：_____   时间：_____

姓名	评价占比			综合评分
	自我评价（20%）	小组评价（20%）	教师评价（60%）	

二、作业成果展示评价

（一）小组评价

将个人的作业成果先进行分组展示，再由小组推荐代表做必要的介绍。在作业成果的展示过程中，学生以小组为单位对其进行评价。评价完成后，将其他小组成员对本小组展示的作业成果评价意见进行归纳总结，并完成如下题目。

（1）展示的作业成果符合要求吗？

符合□   不符合□

（2）与其他小组相比，你认为本小组的作业成果的质量如何？

优秀□   合格□   一般□

（3）本小组介绍作业成果时的表达是否清晰？

很好□   一般□   不清晰□

（4）本小组演示作业成果检测方法的操作正确吗？

正确□   部分正确□   不正确□

（5）本小组在演示操作时遵循了"6S"的工作要求吗？

符合工作要求□   忽略了部分要求□   完全没有遵循工作要求□

（6）本小组成员的团队创新精神如何？

良好□   一般□   不足□

（7）在本次任务中，你所在的小组是否达到学习目标？你对所在小组的建议是什么？你给所在小组的评分是多少？

（二）自我评价

自我评价小结：

_____

（三）教师评价

教师对各小组展示的作业成果分别做评价。

（1）对各小组的优点进行点评。

（2）对展示过程中各小组的缺点进行点评，改进学习方法。

（3）总结整个任务完成过程中出现的亮点和不足。

（四）综合评价

任课教师：_____　　　　　　_____年_____月_____日

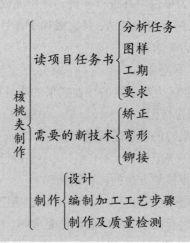

项目三小结

核桃夹制作
- 读项目任务书
  - 分析任务
  - 图样
  - 工期
  - 要求
- 需要的新技术
  - 矫正
  - 弯形
  - 铆接
- 制作
  - 设计
  - 编制加工工艺步骤
  - 制作及质量检测

项目四

錾口工艺手锤制作

>>> 项目任务书

一、工作情境描述

识读图 4-1(a)和图 4-1(b)所示的錾口锤头、锤柄零件图。根据图样要求,加工出合格的零件,并通过内、外螺纹将两者装配成如图 4-1(c)所示的手锤。

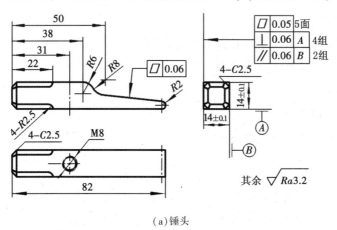

(a)锤头

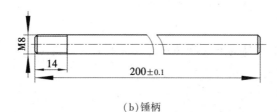

(b)锤柄

(c)手锤实物照片

图 4-1　錾口工艺手锤作业图

要求制作的作品有以下三个特点：

(1)实用，好用，耐用；

(2)美观，有艺术欣赏性；

(3)作品整体顺向锉纹，光滑无毛刺(Ra1.6 以上)，无锐边。

二、手锤作业图

錾口工艺手锤作业图如图 4-1 所示。

学习、理解、掌握钳工的基本工艺理论及基本技能操作要领，并能综合应用制作一般的手工工具，举一反三、触类旁通，能运用所学技术和方法分析、解决生产实际问题。

任务一　读项目任务书及作业图

任务目标

【知识目标】

(1)理解项目任务书所表达的内容和信息。

(2)巩固读项目任务书的方法和步骤。

【能力目标】

(1)会读项目任务书。

(2)能运用已掌握的机械制图、公差、机械制造工艺等知识，全面准确地读出作业图所表达的内容和信息。

(3)通过学习，会制定产品从设计到诞生的流程。

(4)随着加工制作过程的深入，不断完善并最终编制出科学合理的錾口工艺手锤加工工艺步骤，并能举一反三、触类旁通，解决类似的实际问题。

(5)培养运用知识、智慧分析和解决实际问题的能力，以及创新思维。

【思政目标】

(1)培养学生精益求精的敬业精神及追求完美的科学态度。

(2)使学生养成安全文明的工作习惯。

任务准备

(1)项目任务书、教材、钳工手锤制作操作视频等资源。

(2)手锤实物。

任务导学

(1)本项目的工作任务是什么？为什么安排这项工作任务？

(2)如何读项目任务书？项目任务书通常能表达哪些内容信息？

(3)为了完成此项工作任务，需要具备哪些知识和技术？如何有条理地尽快学会这种操作技能？

(4)你能否编制这一任务的合理工作流程？

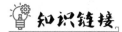 **知识链接**

一、读项目任务书

项目任务书呈现了学生要完成的工作任务，一般情况下包含以下内容：

(1)具体的工作任务、目的；

(2)工期；

(3)工作任务作业图样；

(4)任务作品质量技术要求；

…………

本项目要求学生加工制作实用工具——鏨口工艺手锤。其目的如下。

(1)以手锤为载体，通过对它的加工制作，能练习并巩固学过的划线、锯削、锉平面、锉曲面、孔加工、尺寸测量、形状测量、位置精度测量等钳工基本操作技能。

(2)学会连接内、外圆弧面的方法，达到连接圆滑、位置及尺寸正确的要求。

(3)学会推锉技能，达到纹理齐整、表面光洁。

(4)提升综合应用、灵活运用所学钳工知识和技术解决实际问题的能力。

(5)将所学技术与实际生产和生活实践相结合，产生经济效益，学以致用，满足学生的成就感。借此机会，学生还可以展示自己在钳工手工制作方面的艺术细胞和才华。

工期为30学时，有作业图及作品质量技术要求。

二、读作业图(结合鏨口工艺手锤作业图及实物)

作业图是设计者和生产者联系的桥梁。生产者通过读作业图能明确设计者的意图和要求。正确读作业图是钳工必须具备的能力之一，其方法如下。

(1)读作业件形状。

(2)读作业件大小(尺寸)。

(3)读作业件要求(针对单个作业件)。

① 尺寸要求。

② 形状要求。

③ 位置要求。

④ 表面粗糙度要求。

⑤ 其他技术要求。

(4)读出作业件划线基准(平面2个；立体3个)。

(5)读作业件最大轮廓尺寸(平面2个；立体3个，用于备料或检查来料尺寸)。

（6）分析作业件图形画法。

（7）分析作业件加工工艺方法和步骤。

形状规则工件加工工艺步骤的制定原则如下。

① 先基准后其他。

② 先大（或长）后小（或短）。

③ 先平行后垂直。

④ 先直后曲。

⑤ 先内后外。

按照上述方法分析手锤作业图（见图4-1），可知：要加工制作的手锤形状及大小是在尺寸为14 mm×14 mm×82 mm 长方的形体上再加工出一个 M8 螺纹孔，用于安装锤柄，一端有两类4-C2.5 倒角、另一端为 R2 圆弧，中部有内 R8 圆弧和外 R6 圆弧连接，锤柄一端需要套 M8×14 螺纹。对其有尺寸要求[如（14±0.1）mm]、形状要求（如平面度）、位置要求（如垂直度、平行度）及表面粗糙度要求。

三、工作任务要素分析

用钳工方法加工制作手锤作品，根据其结构特点和要求可以推知，学生需要对读图、测量、划线、锯削、锉削、錾削、孔加工、螺纹加工、研磨等基本操作技术进行综合运用。这需要学生有计划、分步骤地进行学习。

针对本项目制订的工作任务学习计划如下。

任务一：接受任务书，分析制订计划。

任务二：任务实施——手锤制作工艺编制及加工制作。

任务三：项目工作评价及反馈。

🔖任务思考

说一说制作錾口工艺手锤的目的。

任务二　錾口工艺手锤制作工艺及技术方法

📋任务目标

【知识目标】

掌握钳工方法加工制作一般性结构工件、工具的工艺理论及方法。

【能力目标】

（1）巩固已学过的测量、划线、锯削、锉削和孔加工基本技能。

(2)会正确编制工具、工件的加工工艺步骤。

(3)在学习、理解、掌握钳工的基本工艺理论及基本技能操作要领的基础上，进一步提升综合应用制作一般的手工工具的能力，举一反三、触类旁通，解决生产实际问题。

(4)培养学生的兴趣创作意识和综合运用钳工各项技能解决实际问题的能力，使学生成为零件、工具加工的能工巧匠。

【思政目标】

(1)培养学生重视安全文明生产的良好习惯。

(2)培养学生勤于思考、善于实践、团结协作、勇于创新、追求品质的工作作风。

任务准备

(1)项目任务书、教材、手锤制作技术操作视频等资源。

(2)钳工手锤制作需要的实训设备、材料，以及工、量具。

任务导学

(1)制作錾口工艺手锤需要哪些钳工基本技术支持？你具备了哪些技术？

(2)如何才能条理清晰、有条不紊地加工制作出符合要求的錾口工艺手锤？

知识链接

一、錾口工艺手锤的加工步骤

（一）读"錾口工艺手锤作业图"（图4-1）

需读出：① 大小；② 形状；③ 单个工件的尺寸要求、形状要求、位置要求及表面粗糙度要求；④ 最大轮廓尺寸；⑤ 基准；⑥ 图形画法；⑦ 工件数量；⑧ 每个工件间的装配关系。

錾口工艺
手锤制作

（二）备料（或检查来料尺寸）

每名学生备好 ϕ20 mm×83 mm（45#或 Q235）、ϕ8 mm×200 mm（45#或 Q235）圆钢棒料各一块。

（三）锤头制作

(1)棒料锉长方。

① 作业图如图4-2所示。

② 加工工艺步骤示意图如图4-3所示。

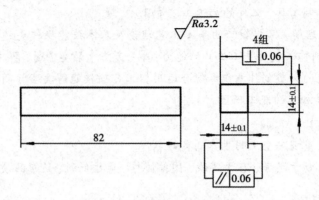

图 4-2　棒料锉长方作业图

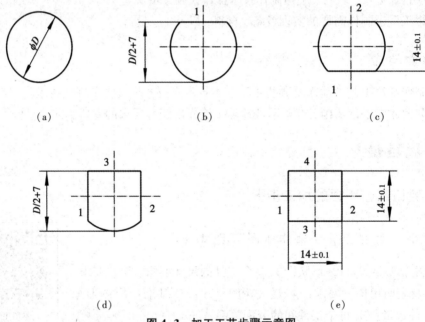

图 4-3　加工工艺步骤示意图

(2)锤头划线样板制作。

作业图：见图 4-1(a)锤头主视图。

(3)锤头形体加工工艺步骤。

① 检查来料尺寸(利用棒料锉长方的作品)。

② 按照图样要求锉准 14 mm×14 mm×82 mm 长方体。

③ 以长面为基准锉一端面，达到基本垂直，表面粗糙度为 $Ra<3.2$ μm。

④ 以一长面及端面为基准，用錾口手锤样板划出形体加工线(两面同时划出)，并按照图样尺寸划出 4-2.5 mm×45°倒角加工线。

⑤ 锉 4-2.5 mm×45°倒角达到要求。方法：先用圆锉粗锉出 R2.5 mm 圆弧，分别用粗、细板锉粗、细锉倒角；再用圆锉细加工 R2.5 mm 圆弧；最后用推锉法修整，并用砂

布打光。

⑥ 按照图样划出钻孔孔位线，敲样冲眼，并用 $\phi6.8$ mm 钻头钻底孔。

⑦ 用 M8 丝锥和铰杠攻螺纹。

⑧ 按照划线在 $R8$ mm 处钻 $\phi3$ mm 工艺孔，然后用手锯按照加工线锯去多余部分（放锉削余量）。

⑨ 首先用半圆锉按线粗锉 $R8$ mm 内圆弧面，用板锉粗锉斜面与 $R6$ mm 圆弧面至划线线条。然后用细板锉细锉斜面，用半圆锉细锉 $R8$ mm 内圆弧面，用细板锉细锉 $R6$ mm 外圆弧面。最后用细板锉及半圆锉作推锉修整，使各形面连接圆滑、光洁、纹理齐整。

⑩ 锉 $R2$ mm 圆头，并保证工件总长为 82 mm。

⑪ 八角端部棱边倒角 2.5 mm×45°。

⑫ 用砂布将各加工面全部打光，交件待验。

⑬ 待工件检验后，将 14 mm 端面锉成略凸弧面，然后将工件两端热处理淬硬。

（四）锤柄制作

（1）确定制作锤柄外螺纹圆杆部分直径。

（2）修整制作锤柄棒料两端面，使其与轴线垂直，长为 200 mm±1 mm，并对圆杆端部倒角。

（3）选择合适的板牙及板牙架套 M8 外螺纹，保证质量。

（4）去毛刺，用砂纸打光。

（五）组合安装

将制作好的锤头、锤柄进行旋合，使螺杆的外端与锤头的外表面平齐或稍低，松紧适当，不晃动。

（六）全面精度复检

对工件做必要修整，去毛刺，修形，抛光，交件待验。

二、錾口工艺手锤质量检测

錾口工艺手锤成绩评定如表 4-1 所列。

表 4-1　錾口工艺手锤成绩评定表　　　　　　　总得分：＿＿＿＿＿＿＿

序号	项目及技术要求	配分	评分标准	检测记录		得分
				自评	师评	
1	尺寸(14±0.1)mm(2 处)	8 分	超差不得分			
2	平行度为 0.06 mm(2 组)	6 分	超差不得分			
3	垂直度为 0.06 mm(4 组)	12 分	超差不得分			
4	平面度为 0.06 mm(5 面)	10 分	超差不得分			

表4-1(续)

序号	项目及技术要求	配分	评分标准	检测记录		得分
				自评	师评	
5	倒角 C2.5mm(4处)	12分	超差不得分			
6	R2.5 mm 内圆弧连接光滑, 无尖端塌角(4处)	12分	超差不得分			
7	R8 mm 与 R6 mm 圆弧面连接光滑	12分	超差不得分			
8	舌部斜面平面度为 0.06 mm	4分	超差不得分			
9	R2 mm 圆弧面圆滑	2分	超差不得分			
10	棱线清楚,倒角均匀	4分	超差不得分			
11	表面粗糙度为 Ra3.2 μm,纹理整齐	4分	超差不得分			
12	M8 螺纹孔位正	3分	超差不得分			
13	锤头、锤柄螺纹连接垂直	3分	超差不得分			
14	安全文明生产: ① 仪容仪表;② 安全技能; ③ 维护保养;④ 清洁卫生	8分	违者每次扣2分, 严重者扣5~10分			

任务思考

通过学习錾口工艺手锤的加工制作,分析说明用钳工方法加工制作工、量具需要具备哪些能力?

任务三　项目工作评价及反馈

评价目标

(1)能正确规范撰写总结。
(2)对工作项目进行正确评价。
(3)能采用多种形式进行成果展示。

评价与分析

一、工作过程评价

下面采用自我评价、小组评价、教师评价相结合的发展性评价体系对项目工作过程进行评价。

（一）自我评价

自我评价见表4-2。

表4-2　自我评价表

班级：_____　　姓名：_____　　学号：_____号　　___年___月___日

评价项目	评价标准	配分	等级评定			
			A	B	C	D
学习(工作)态度	态度端正、工作认真，没有无故缺席、迟到、早退、脱岗现象；及时完成各项学习任务，不拖延	10				
安全文明操作习惯	习惯良好，遵守钳工各项操作规程，文明操作	10				
设备及工、量、刃具的使用	会正确选择钳工常用设备及工、量、刃具，并能正确使用	10				
社会能力	能与同学、小组成员积极沟通、交流合作，具有一定的组织能力和协调能力	10				
职业素养	与企业岗位需求接轨，爱岗敬业，养成良好的职业行为习惯；热爱劳动，有工匠精神	10				
学习能力	依据现实需要，利用具备的知识技能、现有资源或多渠道进行有效资源查阅搜集，不断学习新知识、新技术，寻找解决实际问题的方法步骤，完成项目任务	10				
技能操作	(1)识图能力强； (2)熟悉加工工艺流程选择、技能技巧工艺路线优化； (3)熟练掌握钳工专业所学各项操作技能，基本功扎实； (4)动手能力强，能做到理论联系实际，并能灵活应用； (5)熟悉质量检测及分析方法，结合实际，提高自己的综合实践能力； (6)掌握加工精度控制和尺寸链的基本算法	10				
创新意识	能从资源学习(如阅览相关技术资料、搜集与观看相关视频等)中受到启发，可以优化项目完成方法或工艺，或者有独到见解被采纳	10				
学习成果(作品)	通过学习和规范的技能操作，使得学习成果(作品)达到项目目标要求	20				
合计		100				

注：等级评定：A代表"优"（10分）；B代表"好"（8分）；C代表"一般"（6分）；D代表"有待提高"（4分）。

（二）小组评价

小组评价表见表4-3。

表4-3　小组评价表

被评人姓名：_____　学号：_____号　___年___月___日　评价人：_____

评价项目	评价标准	配分	等级评定			
			A	B	C	D
学习（工作）态度	态度端正、工作认真，没有无故缺席、迟到、早退、脱岗现象；及时完成各项学习任务，不拖延	10				
安全文明操作习惯	习惯良好，遵守钳工各项操作规程，文明操作	10				
设备及工、量、刃具的使用	会正确选择钳工常用设备及工、量、刃具，并能正确使用	10				
社会能力	能与同学、小组成员积极沟通、交流合作，具有一定的组织能力和协调能力	10				
职业素养	与企业岗位需求接轨，爱岗敬业，养成良好的职业行为习惯；热爱劳动，有工匠精神	10				
学习能力	依据现实需要，利用具备的知识技能、现有资源或多渠道进行有效资源查阅搜集，不断学习新知识、新技术，寻找解决实际问题的方法步骤，完成项目任务	10				
技能操作	（1）识图能力强； （2）熟悉加工工艺流程选择、技能技巧工艺路线优化； （3）熟练掌握钳工专业所学各项操作技能，基本功扎实； （4）动手能力强，能做到理论联系实际，并能灵活应用； （5）熟悉质量检测及分析方法，结合实际，提高自己的综合实践能力； （6）掌握加工精度控制和尺寸链的基本算法	10				
创新意识	能从资源学习（如阅览相关技术资料、搜集与观看相关视频等）中受到启发，可以优化项目完成方法或工艺，或者有独到见解被采纳	10				
学习成果（作品）	通过学习和规范的技能操作，使得学习成果（作品）达到项目目标要求	20				
合计		100				

注：等级评定：A代表"优"（10分）；B代表"好"（8分）；C代表"一般"（6分）；D代表"有待提高"（4分）。

(三)教师评价

教师评价表见表4-4。

表4-4　教师评价表

被评人姓名：＿＿＿＿＿　学号：＿＿＿＿号　＿＿年＿＿月＿＿日　教师：＿＿＿＿

评价项目	评价标准	配分	等级评定			
			A	B	C	D
学习(工作)态度	态度端正、工作认真，没有无故缺席、迟到、早退、脱岗现象；及时完成各项学习任务，不拖延	10				
安全文明操作习惯	习惯良好，遵守钳工各项操作规程，文明操作	10				
设备及工、量、刃具的使用	会正确选择钳工常用设备及工、量、刃具，并能正确使用	10				
社会能力	能与同学、小组成员积极沟通、交流合作，具有一定的组织能力和协调能力	10				
职业素养	与企业岗位需求接轨，爱岗敬业，养成良好的职业行为习惯；热爱劳动，有工匠精神	10				
学习能力	依据现实需要，利用具备的知识技能、现有资源或多渠道进行有效资源查阅搜集，不断学习新知识、新技术，寻找解决实际问题的方法步骤，完成项目任务	10				
技能操作	(1)识图能力强； (2)熟悉加工工艺流程选择、技能技巧工艺路线优化； (3)熟练掌握钳工专业所学各项操作技能，基本功扎实； (4)动手能力强，能做到理论联系实际，并能灵活应用； (5)熟悉质量检测及分析方法，结合实际，提高自己的综合实践能力； (6)掌握加工精度控制和尺寸链的基本算法	10				
创新意识	能从资源学习(如阅览相关技术资料、搜集与观看相关视频等)中受到启发，可以优化项目完成方法或工艺，或者有独到见解被采纳	10				
学习成果(作品)	通过学习和规范的技能操作，使得学习成果(作品)达到项目目标要求	20				
合计		100				

注：等级评定：A 代表"优"(10分)；B 代表"好"(8分)；C 代表"一般"(6分)；D 代表"有待提高"(4分)。

（四）综合评价

综合评价表见表4-5。

表4-5 综合评价表

班级：_____   时间：_____

姓名	评价占比			综合评分
	自我评价（20%）	小组评价（20%）	教师评价（60%）	

二、作业成果展示评价

（一）小组评价

将个人的作业成果先进行分组展示，再由小组推荐代表做必要的介绍。在展示作业成果的过程中，学生以小组为单位对其进行评价。评价完成后，将其他小组成员对本小组展示的作业成果评价意见进行归纳总结，并完成如下题目。

（1）展示的作业成果符合要求吗？

符合□　　　　　　　　不符合□

（2）与其他小组相比，你认为本小组的作业成果的质量如何？

优秀□　　　　　　合格□　　　　　　　一般□

（3）本小组介绍作业成果时的表达是否清晰？

很好□　　　　　　一般□　　　　　　　不清晰□

（4）本小组演示作业成果检测方法的操作正确吗？

正确□　　　　　　部分正确□　　　　　不正确□

（5）本小组在演示操作时遵循了"6S"的工作要求吗？

符合工作要求□　　　忽略了部分要求□　　完全没有遵循工作要求□

（6）本小组成员的团队创新精神如何？

良好□　　　　　　一般□　　　　　　　不足□

（7）在本次任务中，你所在的小组是否达到学习目标？你对所在小组的建议是什么？你给所在小组的评分是多少？

（二）自我评价

自我评价小结：

_____

（三）教师评价

教师对各小组展示的作业成果分别做评价。

（1）对各小组的优点进行点评。

（2）对展示过程中各小组的缺点进行点评，改进学习方法。

（3）总结整个任务完成过程中出现的亮点和不足。

（四）综合评价

任课教师：_____　　　　　_____年_____月_____日

项目四小结

錾口工艺手锤制作

读图（步骤：读形状、大小、要求、基准、最大轮廓尺寸、画法、加工工艺步骤）

测量技术（包括：尺寸测量、形状、位置精度、表面粗糙度测量）

锉平面（锉刀常识，锉平面方法、适用情况、质量要求及检测）。

划线（理解区分平面划线和立体划线，体会操作方法步骤的异同）

棒料锯、锉长方及质量检测（加工工艺步骤、检测项目分析及测法）

锉曲面（工具选用、锉削方法、适用情况、质量要求及检测方法）

孔加工（设备、工作内容、麻花钻结构、刃磨要求方法、划线钻孔方法）

螺纹加工（工具常识，准备工作，攻、套螺纹方法步骤及注意事项）

錾口手锤制作工艺及质量检测（工艺步骤制定原则、工件合格标准及检测技术）

项目五

凹凸锉配件制作

⟫⟫⟫ 项目任务书

一、工作情境描述

前面各教学项目所学工件加工技术均属于单个工件的加工，或者几个工件加工后进行连接组合（如核桃夹、手锤），但是在实际生产工作中，机器的维护修理、设备的安装调试中还经常用到钳工的锉配技术，即令两个或两个以上工件形成符合要求的配合关系。为此，本教材专门编制了这一教学项目——凹凸锉配件制作。

学生要完成该项工作任务，除了要复习巩固用钳工方法加工单个工件需要的基本操作技术外，还要学习锉配件加工制作需要的新技术，提高自身钳工技术的综合应用能力，为以后加工复杂的锉配零件打下必要的基础。

二、凹凸锉配件作业图（图5-1）

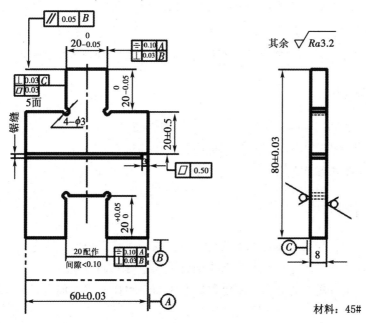

图5-1 凹凸锉配件作业图

凹凸锉配件的技术要求如下：

(1)配合互换间隙小于0.1 mm；

(2)配合后，两侧错位量小于0.1 mm；

(3)锐边去毛刺。

工期为12学时。

任务一　读项目任务书及作业图

任务目标

【知识目标】

(1)明确作业图所表达的内容和信息。

(2)掌握读图的方法和步骤。

【能力目标】

(1)会读项目任务书。

(2)能应用已有制图、公差、机械制造工艺等知识，全面准确地读出作业图所表达的内容和信息。

(3)通过学习，能够制定产品从设计到诞生的流程。

(4)培养运用知识、智慧分析和解决实际问题的能力。

【思政目标】

培养学生严谨、认真的学习工作态度，树立积极进取的职业品质意识。

任务准备

(1)项目任务书、教材、课件、锉配操作视频等资源。

(2)锉配用设备，以及工、量、刃具等。

(3)往届学生锉配作品。

任务导学

(1)本项目的工作任务是什么？为什么安排这项工作任务？

(2)如何读项目任务书？项目任务书通常能表达哪些内容信息？

(3)为了完成此项工作任务，需要具备哪些知识和技术？如何有条理地尽快学会这种操作技能？

(4)你能否编制这一任务的合理工作流程？

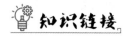
知识链接

一、读项目任务书

项目任务书呈现了是学生要完成的工作任务, 一般情况下包含以下内容:

(1)具体的工作任务、目的;

(2)工期;

(3)工作任务作业图样;

(4)任务作品质量技术要求;

…………

本项目要求学生加工制作凹凸锉配件。其目的如下:以凹凸锉配件为载体, 通过对其进行加工制作练习来巩固钳工基本技能操作技术, 同时学习具有对称度要求工件的划线方法、加工方法、测量方法及锉配等新技术。

工期为 12 学时, 有作业图及作品质量技术要求。

二、读作业图(结合凹凸锉配件作业图及实物)

作业图是设计者和生产者联系的桥梁。生产者通过读作业图能明确设计者的意图和要求。正确读作业图是钳工必须具备的能力之一, 其方法如下。

(1)读作业件形状。

(2)读作业件大小(尺寸)。

(3)读作业件要求(针对单个作业件)。

① 尺寸要求。

② 形状要求。

③ 位置要求。

④ 表面粗糙度要求。

⑤ 其他技术要求。

(4)读出作业件划线基准(平面 2 个; 立体 3 个)。

(5)读作业件最大轮廓尺寸(平面 2 个; 立体 3 个, 用于备料或检查来料尺寸)。

(6)分析作业件图形画法。

(7)分析作业件加工工艺方法和步骤。

形状规则工件加工工艺步骤的制定原则如下。

① 先基准后其他。

② 先大(或长)后小(或短)。

③ 先平行后垂直。

④ 先直后曲。

⑤ 先内后外。

⑥ 锉配件:先加工基准件, 后加工配作件。

按照上述方法分析凹凸锉配件作业图(见图5-1),可知:要加工制作的凹凸锉配件有两个工件,即凸字件和凹字件,凸字件是基准件,凹字件是配作件,加工后二者形成配合关系。

(1)形状及大小:在尺寸为60 mm×80 mm×8 mm长方的形体上,同时划出凸字件和凹字件的加工界线。在一块料上进行两个件的加工,加工结束,依据图样沿划线线条锯削分开,进行配合检测。

(2)凸字件:它是基准件,在尺寸为60 mm×40 mm×8 mm长方的形体上,去掉左、右两个垂直角,剩下中间20 mm×20 mm×8 mm的凸字结构,有尺寸要求(如$20_{-0.05}^{0}$ mm)、形状要求(如平面度)、位置要求(如垂直度、对称度)及表面粗糙度要求(如$Ra3.2$)。

(3)凹字件:它是配作件,在尺寸为60 mm×40 mm×8 mm长方的形体上,下边去掉中间20 mm×20 mm×8 mm的正方,剩下外廓为60 mm×40 mm×8 mm的凹字结构,也有尺寸要求(如$20_{0}^{+0.05}$ mm)、形状要求(如平面度)、位置要求(如垂直度、对称度)及表面粗糙度要求(如$Ra3.2$)。

(4)两件配合要求:配合互换间隙小于0.1 mm;配合后,两侧错位量小于0.1mm。

三、工作任务要素分析

用钳工方法加工制作凹凸锉配件作品,根据其结构特点和要求可以推知,学生不仅需要对读图、测量、划线、锯削、锉削、錾削、孔加工等基本操作技术进行综合运用,还需要学生掌握锉配技术,掌握有对称度要求工件的划线方法、加工方法和测量方法。这需要学生有计划、分步骤地进行学习。

针对本项目制订的工作任务学习计划如下。

任务一:接受任务书,读作业图,分析明确工作要求。

任务二:锉配基础知识。

任务三:凹凸锉配件制作及检测。

任务四:项目工作评价及反馈。

任务思考

(1)认真阅读凹凸锉配作业图(图5-1),从中得到的信息有:作业图中的工件有_____个,分别称为_____件和_____件,其中_____是基准件、_____是配作件。它们的结构特点是具有_____性。

(2)对锉配件的要求主要有:_____

_____

_____

_____

任务二　锉配基础知识

任务目标

【知识目标】

(1)理解锉配含义及应用。

(2)明确锉配常见类型。

(3)明确锉配件应满足的技术要求及对应的检测方法。

(4)掌握锉配件加工制作的方法和步骤。

【能力目标】

能正确制定锉配件加工工艺步骤，并用其进行指导，以加工制作出合格的锉配件，达到要求。

【思政目标】

使学生树立质量意识、安全意识，文明操作。

任务准备

(1)项目任务书、教材、锉配加工技术操作视频等资源。

(2)锉配加工需要的实训设备、材料，以及工、量、刃具。

(3)锉配基础知识。

任务导学

(1)什么是锉配？实际应用场合有哪些？

(2)常见锉配件类型有哪些？

(3)与单个工件比较，锉配件多了哪些新要求？如何检测？

(4)如何加工制作锉配件？制作锉配件有哪些工艺要求？

锉配概述

知识链接

一、定义

锉配也称镶嵌，主要是利用锉削加工的方法使两个或两个以上的零件达到一定配合精度要求的加工方法。

二、应用

锉配技术应用广泛，可用于机器装配或维修过程中的调整修配(如配键)，各种工业模具的制造、修理，日常生活中的配钥匙，等等。

三、基本形式

锉配形式多样，如凹凸锉配、角度锉配、T形体锉配、工形体锉配、四方锉配、六角形体锉配、阶梯锉配、曲面锉配、燕尾锉配等，如图 5-2 所示。

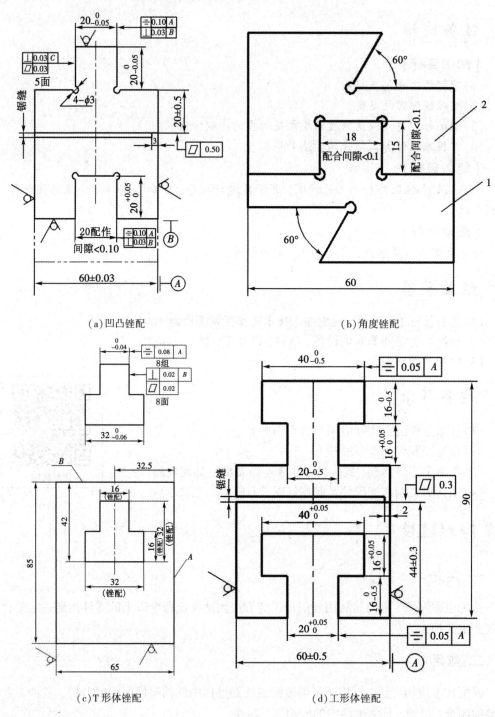

（a）凹凸锉配　　　　　　　　　　　　　　（b）角度锉配

（c）T形体锉配　　　　　　　　　　　　　　（d）工形体锉配

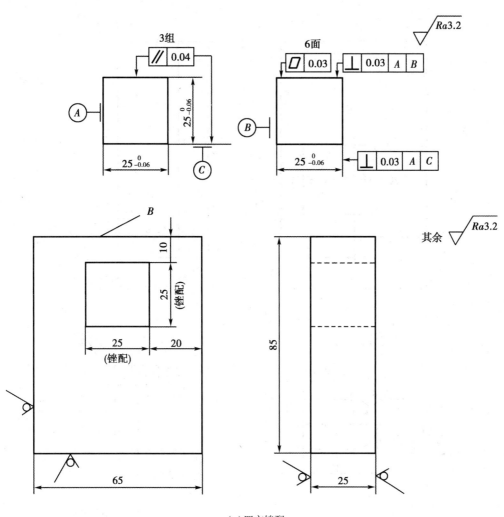

(e) 四方锉配

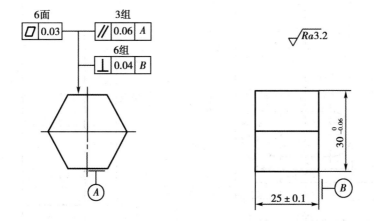

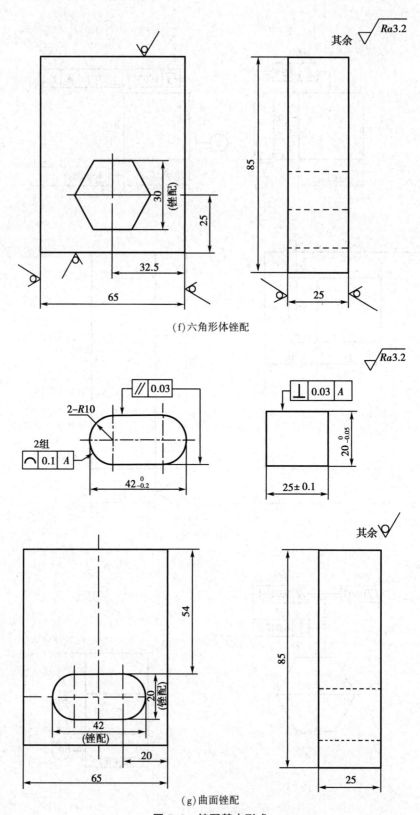

(f) 六角形体锉配

(g) 曲面锉配

图 5-2 锉配基本形式

四、技术要求

锉配加工对象至少有两个工件：一个是基准件；另一个是配作件。加工制作锉配件，除了需要符合单个工件的尺寸要求、形状精度要求、位置精度要求、表面粗糙度要求外，还需要符合锉配件间的配合间隙、喇叭口、翻转性、转位性、错位量等方面的要求。因此，锉配件加工对操作者的技术水平要求更高。

五、加工工艺特点

锉配件加工时，先加工基准件，基准件合格后再加工配作件，使其满足各项技术要求。

六、锉配基准件确定

锉配的两个工件中谁是基准件、谁是配作件，如何确定呢？一般而言，内外结构的锉配件选择容易加工、容易检测的外表面工件作基准件，配锉内表面零件；左右结构的锉配件选择左件为基准件，右件为配作件；上下结构的锉配件选择下方位件为基准件，上方位件为配作件。

钳工锉配件质量能较客观地反映操作者掌握基本操作技能和测量技术的熟练程度，学习它有利于提高操作者分析、判断、综合处理问题的能力。

本教学任务为"凹凸锉配件制作"，通过凹凸体的锉配练习可以进一步提高学生的锉削技能，从而使其掌握正确的加工和检查方法，提高锉配加工质量，为今后更好地从事工业机械加工和模具制造打下良好的基础。

任务思考

(1)什么是锉配技术？锉配技术用于什么场合？

(2)锉配至少涉及几个工件？它们的加工工艺顺序如何确定？

(3)锉配件常有哪些要求？

任务三　凹凸锉配件制作及检测

任务目标

【知识目标】

(1)明确凹凸锉配件的结构特点。

(2)掌握锉配作业图的读图方法和步骤。

【能力目标】

(1)学会读锉配作业图。

(2)能对具有对称度要求的工件进行正确划线。

(3)学会对具有对称度要求的工件进行正确加工和测量。

(4)能正确编制锉配件的加工工艺。

(5)掌握锉、锯、錾、钻的技能，并达到一定的加工精度要求，为锉配打下必要的基础。

【思政目标】

培养学生严谨、认真的学习和工作态度，树立积极进取的职业品质意识。

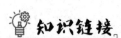 **任务准备**

(1)项目任务书。

(2)锉配用设备及工、量、刃具，实训材料。

(3)微课视频、教材和锉配件实物。

凹凸锉配

任务导学

(1)读懂凹凸锉配件作业图。

(2)回顾公差与配合知识，说一说何为对称度？怎么检测对称度？

(3)具有对称度要求的工件如何划线？如何加工制作？

(4)你能否根据作业图信息编制出凹凸锉配件质量检测评分表？会逐项检测吗？

知识链接

一、相关工艺知识

（一）对称度概念

(1)对称度误差是指被测表面的对称平面与基准表面的对称平面间的最大偏移距离(Δ)，如图 5-3 所示。

(2)对称度公差带是指相对基准中心平面对称配置的两个平行平面之间的区域，两平行面距离为公差值(t)，如图 5-4 所示。

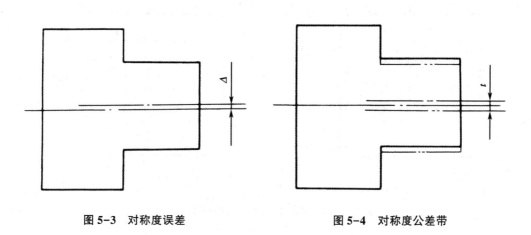

图 5-3　对称度误差　　　　　　　　图 5-4　对称度公差带

（二）对称度的测量方法

测量被测表面与基准表面的尺寸 A 和 B，其差值之半的绝对值为对称度误差值，如图 5-5 所示。

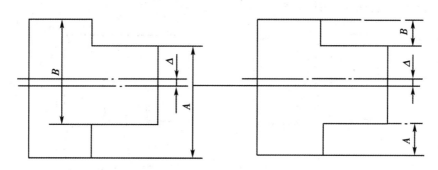

图 5-5　对称度误差测量方法

（三）对称形体工件的划线

对于平面对称工件的划线，应在形成对称中心平面的两个基准面的精加工后进行。划线基准与这两个基准面重合，划线尺寸则按照两个对称基准平面间的实际尺寸及对称要素的要求尺寸计算得出。

（四）对称度误差对转位互换精度的影响

如图 5-6 所示，当凹、凸件都有对称度误差 0.05 mm，且在一个同方向位置配合达到间隙要求后，得到两侧面平齐，而转位 180°作配合，就会产生两个基准面偏位误差，其总值为 0.10 mm，即错位量为 0.10 mm。

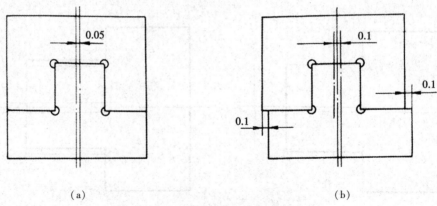

（a）   （b）

图 5-6　对称度误差对转位互换精度的影响

（五）垂直度误差对配合间隙的影响

由于凹、凸件各面的加工是以外形为测量基准的，因此外形的垂直度要控制在最小范围内。同时，为保证配合的互换精度，凹、凸件的各形面间也要控制好垂直度误差，包括与大平面的垂直度，否则，在互换配合后会出现很大的间隙，如图 5-7 所示。

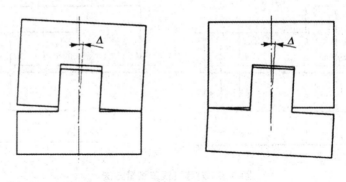

（a）凸形面垂直度误差的影响　　　（b）凹形面垂直度误差的影响

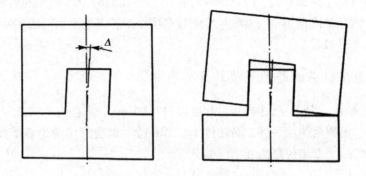

（c）凹、凸形面同向垂直度误差转位后的影响

图 5-7　垂直度误差对配合的影响

（六）凸台的 20 mm 尺寸对称度的控制

必须采用间接测量法来控制有关的工艺尺寸。具体说明如图 5-8 所示：（a）图为凸台的最大与最小控制尺寸；（b）图为在最小控制尺寸下，取得的尺寸为 19.95 mm，这时对称度误差最大的左偏值为 0.05 mm；（c）图为在最大控制尺寸下，取得的尺寸为 20 mm，这时对称度误差最大的右偏值为 0.05 mm。

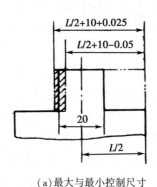

（a）最大与最小控制尺寸

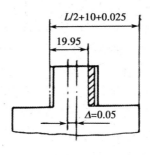

（b）在最小控制尺寸下

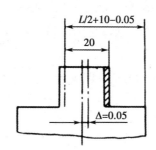

（c）在最大控制尺寸下

图 5-8 对称度控制后的尺寸

对称度间接工艺控制尺寸计算公式如下：

$$M_{min}^{max} = \frac{L + T_{max}^{min}}{2} \pm \Delta \tag{5-1}$$

式中，M——对称度间接工艺控制尺寸，mm；

L——工件两基准间尺寸，mm；

T——凸台或被测面间尺寸，mm；

Δ——对称度误差最大允许值，mm。

二、锉配凸凹体

凸凹体锉配作业图见图 5-1，其加工步骤如下。

（1）按照图样要求加工外廓基准面，达到尺寸为（60±0.03）mm、（80±0.03）mm 及平面度、垂直度、平行度、表面粗糙度要求。

(2)按照图样要求划出凸凹体加工线,钻 4-φ3 mm 工艺孔。

(3)加工凸件。

① 先选择一肩按照划线锯去一角,粗、细锉削两垂直面。根据 80 mm 的实际尺寸,通过控制 60 mm 的尺寸误差值(本处应控制在 80 mm 实际尺寸减去 $20_{-0.05}^{0}$ mm 的范围内),从而保证达到 $20_{-0.05}^{0}$ mm 的尺寸要求;同样,根据 60 mm 的实际尺寸,通过控制 40 mm 的尺寸误差值(本处应控制在 1/2×60 mm 的实际尺寸加 $10_{-0.05}^{+0.025}$ mm 的范围),从而保证在取得尺寸 $20_{-0.05}^{0}$ mm 的同时,又能保证其对称度在 0.1 mm 内。

② 按照划线锯去另一肩角,用上述方法控制加工尺寸为 $20_{-0.05}^{0}$ mm,对于凸形面的 $20_{-0.05}^{0}$ mm 的尺寸要求,可通过直接测量控制加工。

(4)加工凹件。

① 用钻头钻出排孔,并锯、錾去凹部多余材料,然后粗锉至接近尺寸。

② 细锉凹部顶端面,根据 80 mm 的实际尺寸,通过控制 60 mm 的尺寸误差值(本处与凸部的两垂直面一样控制尺寸),从而保证达到与凸件端面的配合精度要求。

③ 细锉两侧垂直面,两面同样根据外形 60 mm 和凸件 20 mm 的实际尺寸,通过控制 20 mm 尺寸误差(如凸件的尺寸为 19.95 mm,一侧面可用 1/2×60 mm 尺寸减去 $10_{-0.01}^{+0.05}$ mm,而另一侧面必须控制在 1/2×60 mm 尺寸减去 $10_{-0.05}^{+0.01}$ mm),从而保证达到与凸件 20 mm 的配合精度要求,同时能保证其对称度在 0.1 mm 内。

(5)全部锐边倒钝,并检查尺寸精度。

(6)锯削,要求达到尺寸为(20±0.5)mm,锯面平面度为 0.5 mm,留有 3 mm 不锯,修去锯口毛刺。

三、注意事项

(1)为了能对 20 mm 凸、凹形的对称度进行测量控制,60 mm 的实际尺寸必须测量准确,并应取其各点实测值的平均数值。

(2)加工 20 mm 凸形面时,只能先去掉一垂直角料,待加工至所要求的尺寸公差后,才能去掉另一垂直角料。由于受测量工具的限制,只能采用间接测量法得到所需要的尺寸公差。

(3)采用间接测量法控制工件的尺寸精度时,必须控制好有关的工艺尺寸。

(4)当实习件不允许直接配锉,而要达到互配件的要求间隙时,就必须认真控制凸、凹件的尺寸误差。

四、作业件质量检测

凹凸锉配件评分见表 5-1。

表 5-1　凹凸锉配件评分表　　　　　总得分：_____

序号	考核项目	考核内容及要求	配分	评分标准	得分	备注
1	锯削、划线、测量、锉削	(80 ± 0.03) mm	3 分	超差不得分		
2		(60 ± 0.03) mm	3 分	超差不得分		
3		$20_{-0.05}^{0}$（2 处）	5 分×2＝10 分	超差不得分		
4		▱ 0.03 （5 面）	2 分×5＝10 分	超差不得分		
5		⊥ 0.03 C （7 处）	2 分×7＝14 分	超差不得分		
6		⊥ 0.03 B （4 处）	2 分×4＝8 分	超差不得分		
7		// 0.05 B （3 处）	2 分×3＝6 分	超差不得分		
8		⌖ 0.01 A	10 分	超差不得分		
9		$Ra3.2$（7 处）	1 分×7＝7 分	超差不得分		
10	钻削	$4-\phi3$ 孔位	1 分×4＝4 分	超差不得分		
11	锉配	配合间隙不大于 0.10 mm（5 处）	2 分×5＝10 分	超差不得分		
		喇叭口不大于 0.10 mm	4 分	超差不得分		
		翻转性	4 分	超差不得分		
		错位量不大于 0.10 mm	4 分	超差不得分		
12	安全文明生产	要求：穿劳动保护服、劳动保护鞋，爱护工、量、刃具，考核结束清理工作台面和场地	3 分	有不当之处酌情扣分		
安全生产		按照国家有关规定，每违反一项规定从总分中扣 2 分。发生重大事故者，取消考试资格				
其他项目		未注公差尺寸按 IT14 要求，每超一处扣 2 分，考件局部无缺陷，若有，酌情扣 1～5 分				
时间定额		6 h				
		开始时间_____　　　结束时间_____				

任务思考

（1）加工制作的凹凸锉配件有何结构特点？

（2）有对称度要求的工件划线、加工、测量方法有什么特殊性？

任务四 项目工作评价及反馈

评价目标

(1)能正确规范撰写总结。

(2)对工作项目进行正确评价。

(3)能采用多种形式进行成果展示。

评价与分析

一、工作过程评价

下面采用自我评价、小组评价、教师评价相结合的发展性评价体系对项目工作过程进行评价。

（一）自我评价

自我评价见表5-2。

表5-2 自我评价表

班级：_____   姓名：_____   学号：_____号   ___年___月___日

评价项目	评价标准	配分	等级评定			
			A	B	C	D
学习(工作)态度	态度端正、工作认真，没有无故缺席、迟到、早退、脱岗现象；及时完成各项学习任务，不拖延	10				
安全文明操作习惯	习惯良好，遵守钳工各项操作规程，文明操作	10				
设备及工、量、刃具的使用	会正确选择钳工常用设备及工、量、刃具，并能正确使用	10				
社会能力	能与同学、小组成员积极沟通、交流合作，具有一定的组织能力和协调能力	10				
职业素养	与企业岗位需求接轨，爱岗敬业，养成良好的职业行为习惯；热爱劳动，有工匠精神	10				
学习能力	依据现实需要，利用具备的知识技能、现有资源或多渠道进行有效资源查阅搜集，不断学习新知识、新技术，寻找解决实际问题的方法步骤，完成项目任务	10				

表5-2(续)

评价项目	评价标准	配分	等级评定			
			A	B	C	D
技能操作	(1)识图能力强； (2)熟悉加工工艺流程选择、技能技巧工艺路线优化； (3)熟练掌握钳工专业所学各项操作技能，基本功扎实； (4)动手能力强，能做到理论联系实际，并能灵活应用； (5)熟悉质量检测及分析方法，结合实际，提高自己的综合实践能力； (6)掌握加工精度控制和尺寸链的基本算法	10				
创新意识	能从资源学习(如阅览相关技术资料、搜集与观看相关视频等)中受到启发，可以优化项目完成方法或工艺，或者有独到见解被采纳	10				
学习成果 (作品)	通过学习和规范的技能操作，使得学习成果(作品)达到项目目标要求	20				
合计		100				

注：等级评定：A代表"优"(10分)；B代表"好"(8分)；C代表"一般"(6分)；D代表"有待提高"(4分)。

(二)小组评价

小组评价见表5-3。

表5-3　小组评价表

被评人姓名：_____　　学号：_____号　　___年___月___日　　评价人：_____

评价项目	评价标准	配分	等级评定			
			A	B	C	D
学习(工作) 态度	态度端正、工作认真，没有无故缺席、迟到、早退、脱岗现象；及时完成各项学习任务，不拖延	10				
安全文明 操作习惯	习惯良好，遵守钳工各项操作规程，文明操作	10				
设备及工、量、 刃具的使用	会正确选择钳工常用设备及工、量、刃具，并能正确使用	10				
社会能力	能与同学、小组成员积极沟通、交流合作，具有一定的组织能力和协调能力	10				
职业素养	与企业岗位需求接轨，爱岗敬业，养成良好的职业行为习惯；热爱劳动，有工匠精神	10				

表5-3(续)

评价项目	评价标准	配分	等级评定			
			A	B	C	D
学习能力	依据现实需要，利用具备的知识技能、现有资源或多渠道进行有效资源查阅搜集，不断学习新知识、新技术，寻找解决实际问题的方法步骤，完成项目任务	10				
技能操作	(1)识图能力强； (2)熟悉加工工艺流程选择、技能技巧工艺路线优化； (3)熟练掌握钳工专业所学各项操作技能，基本功扎实； (4)动手能力强，能做到理论联系实际，并能灵活应用； (5)熟悉质量检测及分析方法，结合实际，提高自己的综合实践能力； (6)掌握加工精度控制和尺寸链的基本算法	10				
创新意识	能从资源学习(如阅览相关技术资料、搜集与观看相关视频等)中受到启发，可以优化项目完成方法或工艺，或者有独到见解被采纳	10				
学习成果(作品)	通过学习和规范的技能操作，使得学习成果(作品)达到项目目标要求	20				
合计		100				

注：等级评定：A代表"优"(10分)；B代表"好"(8分)；C代表"一般"(6分)；D代表"有待提高"(4分)。

(三)教师评价

教师评价见表5-4。

表5-4 教师评价表

被评人姓名：_____ 学号：_____号 ___年___月___日 教师：_____

评价项目	评价标准	配分	等级评定			
			A	B	C	D
学习(工作)态度	态度端正、工作认真，没有无故缺席、迟到、早退、脱岗现象；及时完成各项学习任务，不拖延	10				
安全文明操作习惯	习惯良好，遵守钳工各项操作规程，文明操作	10				
设备及工、量、刃具的使用	会正确选择钳工常用设备及工、量、刃具，并能正确使用	10				
社会能力	能与同学、小组成员积极沟通、交流合作，具有一定的组织能力和协调能力	10				

表5-4(续)

评价项目	评价标准	配分	等级评定			
			A	B	C	D
职业素养	与企业岗位需求接轨，爱岗敬业，养成良好的职业行为习惯；热爱劳动，有工匠精神	10				
学习能力	依据现实需要，利用具备的知识技能、现有资源或多渠道进行有效资源查阅搜集，不断学习新知识、新技术，寻找解决实际问题的方法步骤，完成项目任务	10				
技能操作	(1)识图能力强； (2)熟悉加工工艺流程选择、技能技巧工艺路线优化； (3)熟练掌握钳工专业所学各项操作技能，基本功扎实； (4)动手能力强，能做到理论联系实际，并能灵活应用； (5)熟悉质量检测及分析方法，结合实际，提高自己的综合实践能力； (6)掌握加工精度控制和尺寸链的基本算法	10				
创新意识	能从资源学习(如阅览相关技术资料、搜集与观看相关视频等)中受到启发，可以优化项目完成方法或工艺，或者有独到见解被采纳	10				
学习成果(作品)	通过学习和规范的技能操作，使得学习成果(作品)达到项目目标要求	20				
合计		100				

注：等级评定：A代表"优"(10分)；B代表"好"(8分)；C代表"一般"(6分)；D代表"有待提高"(4分)。

(四)综合评价

综合评价见表5-5。

表5-5 综合评价表

班级：＿＿＿＿＿＿＿　　　　　　　　　　　　　　　时间：＿＿＿＿＿＿

姓名	评价占比			综合评分
	自我评价(20%)	小组评价(20%)	教师评价(60%)	

二、作业成果展示评价

（一）小组评价

将个人的作业成果先进行分组展示，再由小组推荐代表做必要的介绍。在展示作业成果的过程中，学生以小组为单位对其进行评价。评价完成后，将其他小组成员对本小组展示的作业成果评价意见进行归纳总结，并完成如下题目。

(1)展示的作业成果符合要求吗？

符合□　　　　　　　　不符合□

(2)与其他小组相比，你认为本小组的作业成果的质量如何？

优秀□　　　　　　　合格□　　　　　　　　一般□

(3)本小组介绍作业成果时的表达是否清晰？

很好□　　　　　　　一般□　　　　　　　　不清晰□

(4)本小组演示作业成果检测方法的操作正确吗？

正确□　　　　　　　部分正确□　　　　　　不正确□

(5)本小组在演示操作时遵循了"6S"的工作要求吗？

符合工作要求□　　　忽略了部分要求□　　　完全没有遵循工作要求□

(6)本小组成员的团队创新精神如何？

良好□　　　　　　　一般□　　　　　　　　不足□

(7)在本次任务中，你所在的小组是否达到学习目标？你对所在小组的建议是什么？你给所在小组的评分是多少？

_____

（二）自我评价

自我评价小结：

_____

（三）教师评价

教师对各小组展示的作业成果分别做评价。

(1)对各小组的优点进行点评。

(2)对展示过程中各小组的缺点进行点评，改进学习方法。

(3)总结整个任务完成过程中出现的亮点和不足。

（四）综合评价

任课教师：＿＿＿＿＿＿＿　　　　＿＿＿＿＿＿年＿＿＿＿＿月＿＿＿＿＿日

项目五小结

$$
\text{凹凸锉配件制作}
\begin{cases}
\text{锉配基础}
\begin{cases}
\text{锉配含义及应用} \\
\text{锉配件常见类型及技术要求} \\
\text{锉配件加工工艺}
\end{cases} \\
\text{凸凹锉配}
\begin{cases}
\text{工件结构特点} \\
\text{有对称度要求工件的划线方法} \\
\text{有对称度要求工件的加工方法} \\
\text{有对称度要求工件的测量方法}
\end{cases}
\end{cases}
$$

项目六

齿轮减速器的拆卸与安装

▶▶▶ 项目任务书

一、工作情境描述

前面各教学项目所学属于工件、工具、量具等的加工制作技术。但是在实际生产工作中,机器的装配、维护修理、设备的安装调试中还经常用到钳工的装配技术,即令两个以上零件或零件和部件组装成具有一定功能的机器,形成符合要求的装配关系。此外,还要对机器进行定期的维护保养、损坏后的维修工作。为此,本教材专门编制了齿轮减速器拆卸与安装这一教学项目。

二、实操任务

在具备了装配钳工基本技术后,完成齿轮减速器的拆卸与安装工作。

预定工期为 1 周。

三、作业图

齿轮减速器装配图如图 6-1 所示。

四、技术要求

齿轮减速器装配的技术要求如图 6-1 所示。

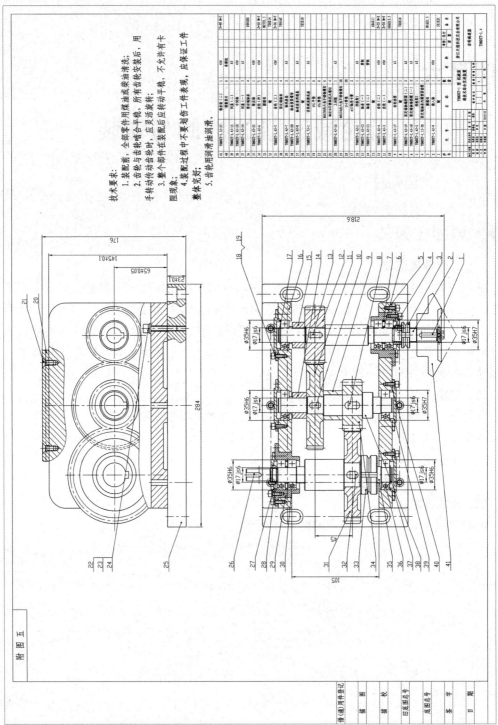

图6-1 齿轮减速器装配图

任务一　读项目任务书及装配图

任务目标

【知识目标】

(1)明确项目任务书包含哪些内容。

(2)掌握读项目任务书的方法和步骤。

【能力目标】

(1)能正确读出项目任务书所表达的内容。

(2)通过对项目任务书的分析及相关装配知识、技能的搜集和了解，能分析判断出完成此项任务需要具备的工艺知识和实操技术，合理编制项目工作流程计划。

(3)培养运用知识、智慧分析和解决实际问题的能力。

【思政目标】

(1)了解企业文化。

(2)培养学生善于动脑、探索求知的优秀品质。

任务准备

(1)项目任务书。

(2)机械装配实训台，装配钳工使用的工、量、夹具等。

(3)微课视频、教材和实物。

任务导学

(1)如何读装配图？装配图通常能表达哪些内容和信息？

(2)为了完成此项工作任务，需要具备哪些知识和技术？

(3)如何编制此项工作任务的合理流程？

知识链接

一、读项目任务书

项目任务书呈现了学生要完成的工作任务，一般情况下包含以下内容：

(1)具体的工作任务、目的；

(2)工期；

(3)工作任务作业图样；

(4)任务作品质量技术要求；

…………

本项目要求学生完成齿轮减速器的拆卸与安装任务。目的如下：学生完成该项工作任务，除了要复习用钳工方法加工工件需要的基本操作技术外，还要学习机器装配和维修需要的基本技术，分析和解决装配问题的方法，从而提高自身钳工技术的综合应用能力，为以后深造学习和工作打下必要的装配技术基础。

工期为 30 学时，有齿轮减速器装配图及装配质量技术要求。

二、读装配图(结合齿轮减速器装配图及实物)

装配图是表示机器或部件的整体结构、工作原理、与零件之间的装配关系、连接方式及主要零件的结构和形状的图样，机器装配图称总装图，部件装配图称部装图。

以图 6-1 为例，可以看出装配图的内容一般包括以下四个方面。

(一)一组视图

图 6-1 是齿轮减速器的装配图，图中采用两个基本视图，由于展示结构需要，所以均采用了剖视，因此比较清楚地表示了减速箱盖、底座和各传动轴、各齿轮等的装配关系。

通过分析可知，该装配图展示的是二级齿轮减速器，它由底座、上盖、三根轴(一根输入轴、一根中间轴、一根输出轴)和四个齿轮(输入轴装一小齿轮，中间轴装一大一小两个齿轮，输出轴装一大齿轮)组成。其中，每根轴两端用轴承支撑于轴承座上；四个齿轮构成两对啮合关系，且均为小齿轮带动大齿轮，形成二级减速传动关系。二级齿轮减速器属于齿轮传动机构，有螺栓连接、键连接等结构。

(二)必要的尺寸

装配图上仅需要标注装配体(机器或部件)规格、装配、安装时所必需的尺寸。

(三)技术要求

用符号、文字等说明装配体(机器或部件)的工作性能，以及其装配、实验或使用等方面的有关条件或要求。

(四)零件序号和明细栏

在装配图中，为每个不同的零件编写序号，并在标题栏上方按照序号顺序编制成零件明细栏，以说明装配体及其各组成零件的名称、数量和材料等一般概况。

应当指出的是，由于不同装配图的复杂程度和使用要求不同，所以以上各项内容并不是在所有装配图中都要表现出来，而是要根据实际情况来决定。

三、工作任务要素分析

根据齿轮减速器的结构特点和装配要求可见推知，要完成该项工作任务，除了需要掌握钳工的基本加工技能外，还需要具备读装配图的能力，以及固定连接、传动机构装配、轴承和轴组装配等装配基础知识和技术。因此需要学生有计划、分步骤地进行学习。

针对本项目制订的工作任务学习计划如下。

任务一：接受任务书，分析制订计划。

任务二：减速器的拆、装(实施计划)。

任务三：项目工作评价及反馈

任务思考

(1)为什么安排减速器拆、装这项工作任务？

(2)如何读装配图？装配图通常能表达哪些内容和信息？

(3)为了完成此项工作任务，需要具备哪些知识和技术？

任务二　齿轮减速器的拆、装

任务目标

【知识目标】

(1)理解装配概念，明确装配工作在工业生产中的作用。

(2)明确装配工艺规程的概念及作用。

(3)明确装配工艺过程包含哪些步骤。

(4)理解常用装配方法。

(5)明确机器拆装原则。

(6)认识装配钳工常用工装、量具、量仪的种类及用途。

(7)明确装配钳工工种应具备的安全操作知识、基本理论知识、装配的基本操作技术和机械检验调试技术。

【能力目标】

(1)能正确选用、使用钳工设备及工、量、刃具对工件进行加工配作。

(2)能正确选用、使用装配钳工常用工装、量具、量仪对典型连接、常用机构、简单机器进行组装、部装和总装，能对装调对象进行正确检验、调试及润滑。

(3)通过分步练习到综合训练，使学生学会自主学习知识和技能的方法，逐步养成利用所学知识、现有资源、有效搜集资源解决实际问题的能力。

【思政目标】

(1)了解企业文化。

（2）明确作为一名合格的装配钳工技术人员应具备的职业精神和品质。

 任务准备

（1）项目任务书、教材，以及拆、装操作视频等资源。
（2）拆、装齿轮减速器需要的实训设备，以及工、量具。

任务导学

（1）分析任务书，说明拆、装齿轮减速器需要哪些钳工基本技术支持？你具备了哪些技术？
（2）如何能条理清晰、有条不紊地进行拆、装减速器工作？

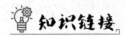 **知识链接**

一、装配基础知识

按照一定的精度标准和技术要求，将若干个零件组成部件或将若干个零件、部件组合成机构或机器的工艺过程，称为装配。

任何机器都是由许多零件和部件装配而成的，装配是整个机器制造过程中的最后一个阶段。装配不仅是保证产品质量的重要环节，而且可以在进行过程中发现机器在设计和加工过程中所存在的问题及装配工艺本身的问题等，从而不断改进机器质量。因此，机器装配在产品制造过程中占有非常重要的地位。

（一）装配工艺规程的作用

装配工艺规程是指规定装配部件和整个产品的工艺过程，以及该过程中所使用的设备和工、夹、量具等的技术文件。

装配工艺规程是生产实践和科学实验的总结，是提高劳动生产率、保证产品质量的必要措施，是组织装配生产的重要依据。只有严格按照装配工艺规程生产，才能保证装配工作的顺利进行，从而降低成本，增加经济效益。但装配工艺规程也应随生产力的发展而不断改进。

（二）装配工艺过程

装配工艺过程一般由以下四个部分组成。

1. 装配前的准备工作

（1）熟悉装配图样及有关技术文件，了解所装机械的用途、构造、工作原理、各零部件的作用、相互关系、连接方法及有关技术要求。
（2）掌握装配工作的各项技术规范。
（3）制定装配工艺规程，选择装配方法，确定装配顺序。

（4）准备装配时所用的材料及工、量、夹具。

（5）对零件进行检验、清洗、润滑，重要的旋转体零件还需要做静平衡实验，特别是对于转速和运转平稳性要求高的机器，其零部件的平衡更为严格。

2. 装配工作

对于比较复杂的产品，装配工作分为部件装配和总装配两部分。

（1）部件装配：凡是将两个以上零件组合在一起或将零件与几个组件结合在一起，成为一个单元的装配工作，称为部件装配。

（2）总装配：将零件、部件结合成一台完整产品的装配工作，称为总装配。

装配的一般步骤如下：先将零件组装成组件；再将零件、组件装成部件；最后将零件、组件、部件总装成机器。

装配时应注意：首先选择装配的基准件（可以是一个零件，也可以是一个组件）；然后根据装配结构的具体情况，按照从里到外、从下到上，先难后易、先精密后一般、先重后轻等以不影响下道工序的原则进行。合理的装配顺序应在实践中逐步完善。

3. 调整、检验和试车

（1）调整。调节零件或机构的相互位置、配合间隙、接合面松紧等，使机构或机器工作协调。

（2）检验。检验机构或机器的几何精度和工作精度。

（3）试车。试验机构或机器运转的灵活性、振动情况、工作温度、噪声、转速、功率等性能参数是否达到要求。

4. 喷漆、涂油、装箱

机器装配完毕后，为了使其外表美观、不生锈和便于运输，还要进行喷漆、涂油和装箱等工作。

（三）装配工作的组织形式

装配工作的组织形式随生产类型及产品复杂程度和技术要求的不同而不同。机器制造中的生产类型及装配的组织形式如下。

1. 单件生产时的装配组织形式

单件生产时，产品几乎不重复，装配工作常在固定地点由一个工人或一组工人完成。这种装配组织形式对工人的技术水平要求较高，装配周期较长，生产效率较低。

2. 成批生产时的装配组织形式

成批生产时，装配工作通常分为部件装配和总装配。每个部件由一个工人或一组工人在固定地点完成，然后进行总装配。

3. 大量生产时的装配组织形式

大量生产时，把产品的装配过程划分为部件、组件装配。每一个工序只由一个工人或一组工人来完成，只有当所有工人都按照顺序完成自己负责的工序后，才能装配出产品。在大量生产中，装配过程是有顺序地由一个或一组工人转移给另一个或一组工人的。这种转移既可以是装配对象的移动，也可以是工人的移动，通常把这种装配的组织形式叫作流水装配法。流水装配法由于广泛采用互换性原则，使装配工作工序化，因此装配质量好、生产效率高，是一种先进的装配组织形式。

（四）机械装配的共性知识

机械装配需注意的共性问题通常有以下两个方面。

1. 保证装配精度

（1）配合精度。为了保证配合精度，装配时要严格按照公差要求。目前，常采用的装配方法有以下四种。

① 完全互换装配法。在同一种零件中任取一个，无须修配即可装入部件中，并能达到装配技术要求，这种装配方法称为完全互换装配法。完全互换装配法的特点及适应范围如下：

❖装配操作简便，对工人的技术要求不高；

❖装配质量好，生产效率高；

❖装配时间容易确定，便于组织流水线装配；

❖零件磨损后更换方便；

❖对零件精度要求高。

因此，完全互换装配法适用于组成环数量少、精度要求不高的场合或大批量生产。

② 选择装配法。这种装配法分为直接选配法和分组选配法两种。

❖直接选配法：由工人直接从一批零件中选择合适的零件进行装配。这种方法比较简单，其装配质量是靠工人的感觉或经验确定，装配效率低。

❖分组选配法：将一批零件逐一测量后，按照实际尺寸大小分成若干组，然后将尺寸大的包容件与尺寸大的被包容件配合，将尺寸小的包容件与尺寸小的被包容件配合。分组选配法的特点及适用范围如下：经分组选配后，零件的配合精度高；因增大了零件的制造公差，所以使零件成本降低；因增加了测量分组的工作量，当组成环数量较多时，这项工作将相当麻烦。因此，分组选配法适用于大批量生产中装配精度要求很高、组成环数量少的场合。

③ 调整装配法。在装配时，根据装配的实际需要，改变部件中可调整零件的相对位置或选用合适的调整件，以达到装配技术要求的装配方法，称为调整装配法。

④ 修配装配法。在装配时，根据装配的实际需要，在某一零件上去除少量的预留修配量，以达到精度要求的装配方法，称为修配装配法。

（2）尺寸链精度。

① 尺寸链相关概念。

❖尺寸链：在零件加工或机器装配过程中，由相互连接的尺寸所形成的封闭尺寸组称为尺寸链。它像链条一样，一环扣一环。

❖尺寸链的特征：关联性和封闭性。关联性是指尺寸链中各尺寸相互联系、相互影响；封闭性是指有关尺寸首尾相接，呈封闭状态。

❖装配尺寸链：影响某一装配精度的各有关装配尺寸所组成的尺寸链。

② 装配尺寸链简图。为简便起见，通常不绘出装配部分的具体结构，也不必按照严格的比例绘制，只要依次绘出各有关尺寸，排列成封闭的外形，就是装配尺寸链简图，如图 6-2 所示。

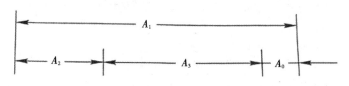

图 6-2　装配尺寸链简图

③ 装配尺寸链的组成。构成尺寸链的每个尺寸都称为环，在每个尺寸链中至少应有三个环。尺寸链的环主要有以下几种。

❖封闭环：在零件加工或机器装配过程中，最后形成(间接获得)的尺寸。一个尺寸链只有一个封闭环，如图 6-2 中的 A_0。装配尺寸链中的封闭环即装配技术要求。

❖组成环：尺寸链中除封闭环以外的其余尺寸均称为组成环。同一尺寸链中的组成环用同一字母表示。组成环分为增环和减环两种。

增环：在其他组成环不变的条件下，当某一组成环的尺寸增大时，封闭环随之增大，那么该组成环称为增环，如图 6-2 中的 A_1。

减环：在其他组成环不变的条件下，当某一组成环的尺寸增大时，封闭环随之减小，那么该组成环称为减环，如图 6-2 中的 A_2，A_3。

增环和减环的判断方法：由尺寸链任一环的基面出发，绕其轮廓转一周，回到这一基面，按照旋转方向给每个环标出箭头，凡是箭头方向与封闭环相反的为增环；反之，为减环。

④ 封闭环极限尺寸的计算(极值法)。封闭环的最大极限尺寸等于所有增环的最大极限尺寸之和减去所有减环的最小极限尺寸之和。其计算公式如下：

$$A_{0\max} = \sum_{i=1}^{m} \overrightarrow{A}_{i\max} - \sum_{i=1}^{n} \overleftarrow{A}_{i\min} \qquad (6-1)$$

式中，$A_{0\max}$——封闭环最大极限尺寸，mm；

$\overrightarrow{A}_{i\max}$——各增环最大极限尺寸，mm；

$\overleftarrow{A}_{i\min}$——各减环最小极限尺寸，mm。

封闭环的最小极限尺寸等于所有增环的最小极限尺寸之和减去所有减环的最大极限尺寸之和。其计算公式为如下：

$$A_{0\min} = \sum_{i=1}^{m} \overrightarrow{A}_{i\min} - \sum_{i=1}^{n} \overleftarrow{A}_{i\max} \qquad (6-2)$$

式中，$A_{0\min}$——封闭环最小极限尺寸，mm；

$\overrightarrow{A}_{i\min}$——各增环最小极限尺寸，mm；

$\overleftarrow{A}_{i\max}$——各减环最大极限尺寸，mm。

封闭环公差等于各组成环公差之和。其计算公式如下：

$$T_0 = \sum_{i=1}^{m+n} T_i \tag{6-3}$$

式中，T_0——封闭环公差，mm；

T_i——各组成环公差，mm。

封闭环的基本尺寸等于所有增环基本尺寸之和减去所有减环基本尺寸之和。其计算公式如下：

$$A_0 = \sum_{i=1}^{m} \overrightarrow{A_i} - \sum_{i=1}^{n} \overleftarrow{A_i} \tag{6-4}$$

式中，A_0——封闭环基本尺寸，mm；

m——增环的数目；

n——减环的数目。

机器装配后的封闭环必须进行检验，使封闭环符合规定。

2. 重视装配工作的密封性

在机械装配过程中，如密封装置位置不当、选用密封材料和预紧程度不合适或密封装置的装配工艺不符合要求，都可能造成机械设备漏油、漏水、漏气等现象。这些现象轻则造成能量损失，降低或丧失工作能力，造成环境污染；重则造成严重事故。因此，在装配工作中，对密封性必须给予足够重视。

(五)机械装配工艺的技术要求

(1)在装配前，应按照要求对所有零件进行检查。在装配过程中，要随时对装配零件进行检查，避免全部装好后再返工。

(2)在装配前，零件不论是新件还是已经清洗过的旧件，都应进行进一步清洗。

(3)对所有的配合件和不能互换的零件，要按照拆卸、修理或制造时所做的记号，成对或成套地进行装配，不得混乱。

(4)凡是互相配合的表面，在装配前都应涂上润滑油脂。

(5)保证密封部位严密，不漏水、不漏油、不漏气。

(6)所有锁紧止动元件(如开口销、弹簧、垫圈等)必须按照要求配齐，不得遗漏。

(7)保证螺纹连接的拧紧质量。

(六)常用拆装工具

1. 通用工具

(1)扳手：① 开口扳手；② 梅花扳手；③ 套筒扳手；④ 扭力扳手；⑤ 活络扳手；⑥ 管子扳手；⑦ 内六角扳手；⑧ 螺钉旋具。

(2)钳子：① 钢丝钳；② 尖嘴钳；③ 扁嘴钳。

(3)锤子(又称榔头)。

(4)铜棒。

(5)普通台虎钳。

(6)千斤顶。

2. 专用工具

（1）顶拔器。

（2）钩形扳手（又称月牙扳手或圆螺母扳手）。

（3）手虎钳。

（4）手动拉铆枪。

二、读装配图

（一）装配图的作用

在产品设计中，一般先根据产品的工作原理图画出装配图；再根据装配图进行零件设计，并拆画出零件图；然后根据零件图制造出零件；最后根据装配图将零件装配成机器或部件。在产品制造中，装配图是制定装配工艺规程、进行装配和检验的技术依据。

在使用机器时，装配图是了解机器的工作原理和构造，进行调试、维修的主要依据。此外，装配图也是进行科学研究和技术交流的工具。因此，装配图是生产中的主要技术文件。

（二）读装配图的方法和步骤

（1）读标题栏：明确部件或机器名称，以及组成零件数量、种类、制作材料、规格等信息。

（2）读视图：分析零件、部件或机器的组成结构、工作原理、零件间或零件与部件间的连接（亦称装配）关系。

（3）读出装配体（机器或部件）的规格及装配、安装时所必需的尺寸。

（4）读技术要求。

三、固定连接的装配

固定连接是最基本的一种装配方法，常见的固定连接有螺纹连接、键连接、销连接、过盈连接和管道连接等。

（一）螺纹连接的装配

螺纹连接是一种可拆卸的固定连接，它具有结构简单、连接可靠、装拆方便、成本低廉等优点，因此在机械制造中应用广泛。

螺纹连接结构
类型装配

1. 螺纹连接装配的技术要求

（1）保证有足够的拧紧力矩。为达到连接牢固可靠，拧紧螺纹时，必须有足够的力矩。对有预紧力要求的螺纹连接，其预紧力的大小可从工艺文件中查出。

（2）保证螺纹连接的配合精度。

（3）有可靠的防松装置。为防止在冲击负荷下螺纹出现松动现象，螺纹连接时必须有可靠的防松装置。

2. 螺纹连接装配常用的工具

(1)螺钉旋具：主要用来装拆头部开槽的螺钉。螺钉旋具有一字旋具、十字旋具、快速旋具和弯头旋具等，如图6-3所示。

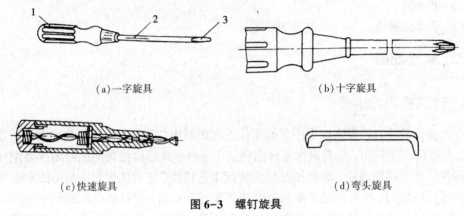

(a)一字旋具　　　　　　　　　　(b)十字旋具

(c)快速旋具　　　　　　　　　　(d)弯头旋具

图6-3　螺钉旋具

1—把柄；2—刀体；3—刀口

(2)扳手：用来装拆六角形、正方形螺钉及各种螺母。扳手有通用扳手(活扳手)、专用扳手和特种扳手等。

① 活扳手如图6-4(a)所示。使用活扳手时，应让固定钳口承受主要的作用力，如图6-4(b)所示。扳手长度不可随意加长，以免损坏扳手和螺钉。

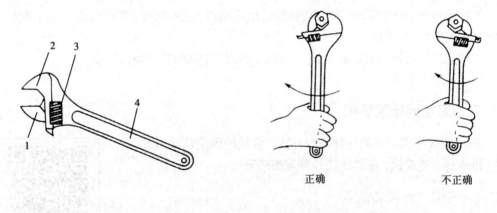

正确　　　　　　　不正确

(a)活扳手　　　　　　　　　　(b)活扳手的使用

图6-4　活扳手及其应用

1—活动钳口；2—固定钳口；3—螺杆；4—扳手体

② 专用扳手只能拆装一种规格的螺母或螺钉。根据其用途不同，可分为呆扳手、整体扳手、成套套筒扳手、钳形扳手和内六角扳手等，如图6-5所示。

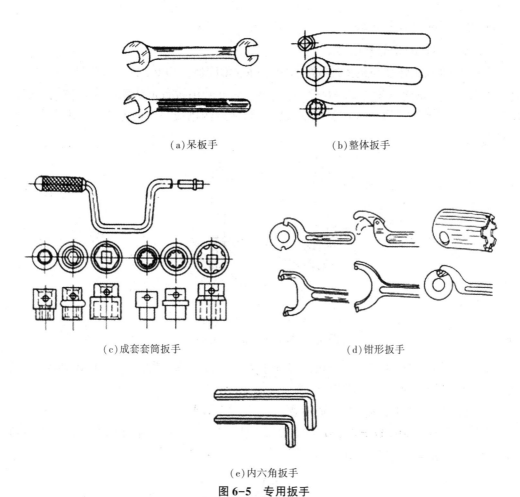

（a）呆板手　　　　　　　　（b）整体扳手

（c）成套套筒扳手　　　　　　　（d）钳形扳手

（e）内六角扳手

图 6-5 专用扳手

③ 特种扳手是根据某些特殊需要制造的扳手。图 6-6 所示的棘轮扳手不仅使用方便，而且效率较高。

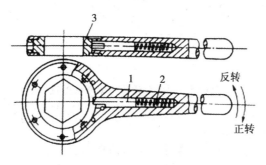

图 6-6 棘轮扳手

1—棘轮；2—弹簧；3—内六角套筒

3. 螺纹连接的装配要点

（1）双头螺柱的装配要点。

① 应保证双头螺柱与机体螺纹配合有足够的紧固性。为此，既可采用过盈配合，保证配合时有一定的过盈量，如图 6-7(a) 所示；也可采用阶台形式紧固在机体上，如图 6-7(b) 所示；有时还可以采用使螺纹最后几圈牙型沟槽浅一些的方法，以达到紧固性的目的。

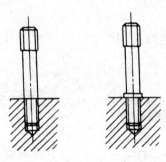

(a) 具有过盈的配合　　(b) 带有阶台的紧固

图 6-7　双头螺柱的紧固形式

② 双头螺柱的轴心线必须与机体表面垂直。为保证垂直度，可采用 90°角尺检验，当垂直度误差较小时，可将螺孔用丝锥矫正后再装。

③ 装配双头螺柱时必须加注润滑油。

常用拧紧双头螺柱的方法有用两个螺母拧紧(见图 6-8)、用长螺母拧紧(见图 6-9)和用专用工具拧紧(见图 6-10)等。

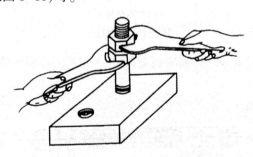

图 6-8　用两个螺母拧紧双头螺柱

（2）螺母和螺钉的装配要点。

① 螺钉不能弯曲变形，螺钉、螺母应与机体接触良好。

② 被连接件应受力均匀、互相贴合、连接牢固。

③ 如图 6-11 所示，拧紧成组螺母时，需按照一定顺序逐次拧紧。拧紧原则一般为从中间向两边对称扩展。

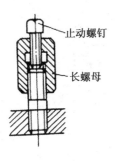

图6-9　用长螺母拧紧双头螺柱

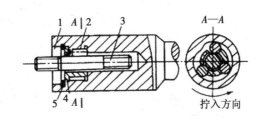

图6-10　用专用工具拧紧双头螺柱

1—工具体；2—滚柱；3—双头螺柱；4—限位套筒；5—卡簧

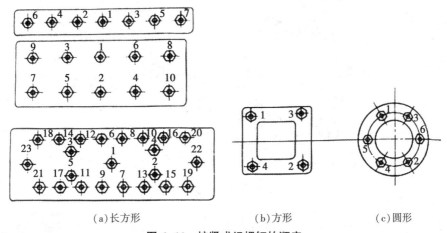

（a）长方形　　　　　　　　（b）方形　　　　　（c）圆形

图6-11　拧紧成组螺钉的顺序

　　螺纹连接在有冲击负荷作用或振动场合时，应采用防松装置。常用的防松方法有用双螺母防松（见图6-12）、用弹簧垫圈防松（见图6-13）、用开口销与带槽螺母防松（见图6-14）、用止动垫圈防松（见图6-15）和用串联钢丝防松（见图6-16）等。

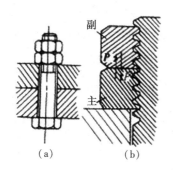

图6-12　用双螺母防松

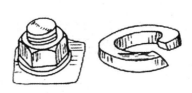

图6-13　用弹簧垫圈防松

螺纹连接
防松措施

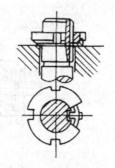
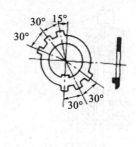

图 6-14 用开口销与带槽螺母防松   图 6-15 用止动垫圈防松

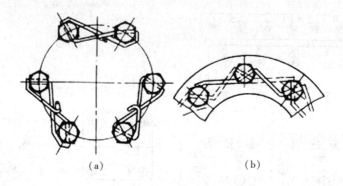

（a）   （b）

图 6-16 用串联钢丝防松

（二）键连接的装配

键连接是将轴和轴上零件通过键在圆周方向上固定，以传递转矩的一种装配方法。这种装配方法有结构简单、工作可靠和装拆方便等优点，因此在机械制造中被广泛应用。

键、销连接

1. 松键连接的装配

松键连接是靠键的侧面来传递转矩的，对轴上零件做圆周方向固定，不能承受轴向力。松键连接所采用的键有普通平键（见图 6-17）、导向键、半圆键和花键等。

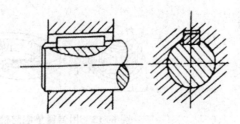

图 6-17 普通平键连接

（1）松键连接装配的技术要求。

① 保证键与键槽的配合要符合工作要求。

② 键与键槽都应有较小的表面粗糙度。

③ 键装入轴的键槽时，一定要与槽底贴紧，长度方向上允许有 0.1 mm 的间隙，键的顶面应与轮毂键槽底部留有 0.3~0.5 mm 的间隙。

(2)松键连接装配的要点。

① 键和键槽不允许有毛刺，以防配合后有较大的过盈而影响配合的正确性。

② 只能用键的头部和键槽配试，以防键在键槽内嵌紧而不易取出。

③ 锉配较长键时，允许键与键槽在长度方向上有 0.1 mm 的间隙。

④ 键连接装配时，要加润滑油，装配后的套件在轴上不允许有在圆周方向上的摆动。

2. 紧键连接的装配

紧键连接主要指楔键连接。楔键有普通楔键和钩头楔键两种，如图 6-18 所示。楔键的上、下表面为工作面，键的上表面和孔键槽底面各有 1：100 的斜度，键的侧面和键槽配合时有一定的间隙。装配时，将键打入，靠过盈传递转矩。紧键连接还能轴向固定并传递单方向轴向力。

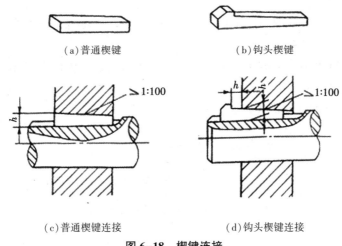

(a)普通楔键　　　　　　　　　(b)钩头楔键

(c)普通楔键连接　　　　　　　(d)钩头楔键连接

图 6-18　楔键连接

(1)楔键连接装配的技术要求。

① 楔键的斜度一定要和配合键槽的斜度一致。

② 楔键与键槽的两侧面要留有一定的间隙。

③ 钩头楔键不能使钩头紧贴套件的端面，否则不易拆装。

(2)楔键连接装配的要点。

装配楔键时，一定要用涂色法检查键的接触情况，若接触不良，应对键槽进行修整，使其合格。

3. 花键连接的装配

花键连接(见图 6-19)有动连接和静连接两种形式。它具有承载能力高、传递转矩大、同轴度高和导向性好等优点，适用于大载荷和同轴度要求较高的传动机构中。但其制造成本较高。

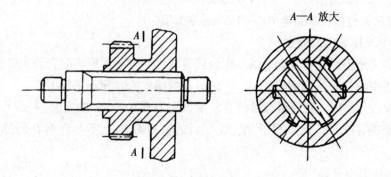

图 6-19　花键连接

（1）花键的标注。

零件图上内、外花键的标注项目有花键的键槽数，小径、小径基本偏差、小径的公差等级，大径、大径基本偏差、大径的公差等级，键的宽度、键的基本偏差、键的公差等级。

例如，"6×25H7×30H10×6H11" 表示花键为 6 个键槽、小径为 25H7、大径为 30H10、键宽为 6H11 的内花键。

再如，"6×25f7×30b11×6d10" 表示花键为 6 个齿、小径为 25f7、大径为 30b11、键宽为 6d10 的外花键。

装配图上花键的标注形式如下：

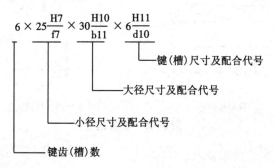

（2）花键装配的要点。

① 静花键连接时，套件应在花键轴上固定，当过盈量小时，可用铜棒打入；若过盈量较大，可将套件（花键孔）加热到 80~120 ℃后再进行装配。

② 动花键连接时，应保证正确的配合间隙，使套件在花键轴上能自由滑动，用手感觉在圆周方向不应有间隙。

③ 对经过热处理后的花键孔，应用花键推刀修整后再进行装配。

④ 装配后的花键副，应检查花键轴与套件的同轴度和垂直度。

(三)销连接的装配

销连接可起定位、连接和保险作用,如图6-20所示。销连接可靠,定位方便,拆装容易,再加上销子本身制造简便,故销连接应用广泛。

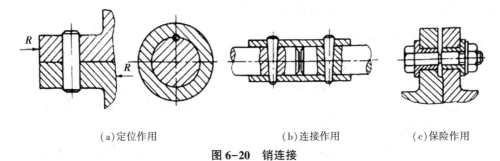

　　(a)定位作用　　　　　　　　　(b)连接作用　　　　　(c)保险作用

图6-20　销连接

1. 圆柱销装配

圆柱销有定位、连接和传递转矩的作用。圆柱销连接属过盈配合,不易多次装拆。圆柱销作定位时,为保证配合精度,通常需要两孔同时钻、铰,并使孔的表面粗糙度为 $Ra<1.6\ \mu m$。装配时,应在销子上涂以机油,并用铜棒将销子打入孔中。在采用一面两孔定位时,为防止转角误差,应把一个销的两边削掉一部分,此时销子称为削边销。

2. 圆锥销装配

圆锥销具有 1:50 的锥度,定位准确,可多次拆装。

圆锥销以小头直径和长度代表其规格,钻孔时按照小头直径选用钻头。

圆锥销装配时,被连接的两孔也应同时钻、铰出来,孔径大小以销子自由插入孔中长度约80%为宜,然后用锤子打入即可。用锤敲入后,销钉头应与被连接件表面齐平或露出部分不超过倒棱值。开尾圆锥销打入销孔后,末端可稍张开,以防止松脱。

拆卸圆锥销时,可从小头向外敲击。有螺尾的圆锥销可用螺母旋出,如图6-21(a)所示。拆卸带内螺纹圆锥销[如图6-21(b)所示]时,可用图6-21(c)所示的拔销器拔出。

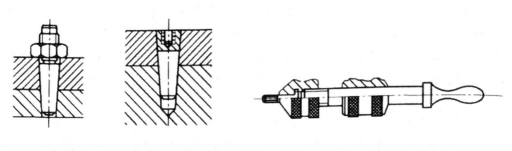

(a)尾部带螺纹圆锥销　(b)带内螺纹圆锥销　　　　　　　　(c)拔销器

图6-21　拆卸圆锥销

（四）过盈连接的装配

过盈连接是以包容件（孔）和被包容件（轴）配合后的过盈来达到紧固连接的一种连接方法。过盈连接有对中性好、承载能力强，并能承受一定冲击力等优点，但对配合面的精度要求较高，加工、装、拆都比较困难。

1. 过盈连接装配的技术要求

（1）配合件要有较高的形位精度，并能保证配合时有足够的过盈。

（2）配合表面应有较小的表面粗糙度。

（3）装配时，配合表面一定要涂上机油，压入过程应连续进行，其速度要稳定，也不宜过快，一般保持在 2~4 mm/s 即可。

（4）对细长件或薄壁件的配合，装配前一定要对其零件的形位误差进行检查，装配时最好是沿竖直方向压入。

2. 过盈连接的装配方法

（1）压入法。可用锤子加垫块敲击压入（见图 6-22）或用压力机压入。

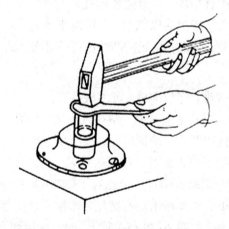

图 6-22　手锤敲击压入

（2）热胀法。利用物体热胀冷缩的原理，将孔加热使孔径增大，然后将轴装入孔中。常用的加热方法是把孔工件放入热水（80~100 ℃）或热油（90~320 ℃）中加热。

（3）冷缩法。利用物体热胀冷缩的原理，将轴进行冷却，待轴径缩小后再把轴装入孔中。常用的冷却方法是采用干冰和液氮进行冷却。

（五）管道连接的装配

管道由管、管接头、法兰盘和衬垫等零件组成，并与流体通道相连，以保证水、气或其他流体的正常流动。

按照材料不同，管可分为钢管、铜管、尼龙管和橡胶管等多种。按照形状不同，管接头可分为螺纹管接头、法兰盘式管接头、卡套式管接头和球形管接头等多种。

对管道连接装配的技术要求如下。

(1)保证连接有足够的密封性。管在连接前应进行密封性试验,保证管子没有破损和泄漏现象。

(2)保证连接后压力损失最小。管道连接时,管道的通流截面积应足够大,长度可尽量减少,管道内壁的表面粗糙度应尽可能地小一些。

(3)法兰盘连接时,两法兰盘端面必须与管子的轴心线垂直。

(4)球形管接头连接时,若流体压力较高,应将管接头的球面(或锥面)进行研磨。

四、传动机构的装配

传动机构的类型较多,常见的有带传动、链传动、齿轮传动、螺旋传动、蜗杆传动和联轴器传动等。

(一)带传动机构的装配

带传动

带传动是通过传动带与带轮之间的摩擦力来传递运动和动力的。与齿轮传动相比,带传动具有工作平稳、噪声小、结构简单、制造容易及过载打滑起到安全保险作用的特点。因为带传动是依靠摩擦力来传递动力的,所以不能保证恒定的传动比,对传动轴的压力较大,传动效率较低。带传动最大的优点是能适应两轴中心距较大的传动,以及传动比要求不太严格的场合,多用于机械传动系统第一节的传动。

带有多种型号,按照带的断面形状可分为V带传动、平带传动和齿形带(同步带)传动三种,如图6-23所示。

(a)V带传动

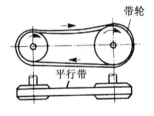

(b)平带传动

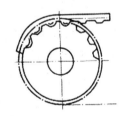

(c)同步带传动

图6-23　带传动种类

1. 带传动机构的技术要求

(1)轮装入轴上后应没有歪斜和跳动,带轮装配后的径向跳动量一般控制为$(0.00025\sim0.0005)d(d$ 为带轮直径),端面跳动量控制为$(0.0001\sim0.0005)d$。

(2)两轮的中间平面应重合,其倾斜角和轴向偏移量不应超过规定的要求,一般倾斜角不超过1°。

（3）带轮的工作表面粗糙度应控制在 $Ra=1.6\ \mu m$。若工作表面粗糙度过小，则带传动容易打滑；若工作表面粗糙度过大，则容易使带工作时因摩擦过热而加剧磨损。

（4）在带轮上的包角不能太小。V 带的包角不能小于 120°，否则容易打滑，使传递力减少。

（5）带的张紧力度要适当。张紧力过小，带在传递中容易打滑，不能传递一定的功率；张紧力过大，则带、轴和轴承都将加速磨损，同时降低了传动效率。

2. 带轮及带的装配

带轮安装方式有多种，固定的方式也有所不同，如图 6-24 所示。

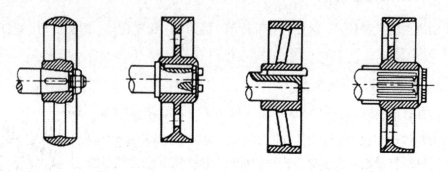

（a）带轮圆锥固定　　（b）带轮端盖压紧固定　　（c）带轮锲键固定　　（d）带轮花键固定

图 6-24　带轮安装形式

（1）带轮安装在圆锥轴头上。如图 6-24（a）所示，带轮锥孔与锥轴配合传递力矩大，有较好的定心作用，装配后的径向跳动和端面跳动值比较小。

带轮锥孔与锥形轴头配合的密合程度对装配质量影响较大。因此，装配前应检查锥孔与锥轴的接触精度，用涂色法检查接触斑点必须达到 75% 以上且应靠近大端处，否则应经过钳工刮削或修磨予以保证。

（2）带轮安装在圆柱轴头上。如图 6-24（b）所示，结构上利用轴肩和垫圈固定。带轮圆柱孔与轴颈配合应有一定的过盈量。装配时，应注意带轮与轴颈配合不宜过松；装配后，轴头端面不应露出带轮端面，否则传递力矩都作用在平键上，降低了带轮和传动轴的使用寿命。

（3）带轮用楔键固定在圆柱轴头上。如图 6-24（c）所示，结构上利用楔键斜面进行固定。其装配要点是楔键与轮槽底面接触精度必须达到 75% 以上，否则带轮传动时的振动容易使楔键滑出，造成安全事故。

楔键装配应通过刮削使键与轮槽底面接触斑点达到规定的要求，以增加楔键与轮槽的锁紧力。

（4）带轮安装在花键轴头上。如图 6-24（d）所示，带轮与花键轴头配合的特点是定位精度好、传递力矩大、装拆方便。花键装配如遇到配合过盈量较大，可用无刃拉刀或砂布修正，不宜用手工修锉花键，以免损坏花键的定位精度。

安装带轮前，应清除安装面上的毛刺和污物，并涂上少量润滑油。装配时，用木锤子敲击装入(敲击时,注意不要直接敲击轮槽处,以免损坏带轮),用螺旋压入工具(图6-25)将带轮压到轴上。

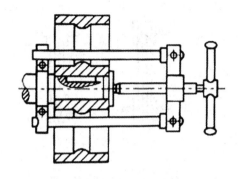

图 6-25 螺旋压入工具

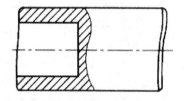

图 6-26 工艺垫套

对于在轴上空转或有卸荷装置的带轮,装配时,应先将轴套或轴承压入轮毂孔中,再装到轴上。装配时,不宜采用木锤子直接敲入,以防木屑落入轴承内。轴承装配应使用工艺垫套(图6-26),将垫套垫在轴承内环端面上,用锤子敲击工艺垫套将轴承装入,或者用螺旋工具压入装配。

带轮安装在轴上后,应检查带轮安装的正确性和带轮相互位置的正确性。

带轮装配的正确性可通过用划线盘或百分表检查带轮的径向跳动和端面跳动的方法进行检查,如图6-27所示。

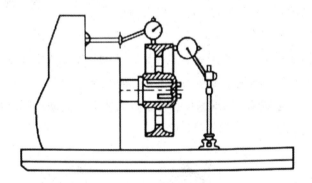

图 6-27 带轮装配质量检查

带轮相互位置的正确性可用钢直尺或拉线方法进行检查。若是中心距不大的带轮,则可用钢直尺检查轮廓端平面,如图 6-28(a)所示;若是中心距较大的带轮,则采用拉线法进行检查,如图 6-28(b)所示。带轮安装位置不正确,会使带张紧不均匀(见图6-29),加快带的磨损,影响带的使用寿命。对某一带轮位置的调整,能够使两带轮处于同一垂直平面。图6-29中,O 为应该平行的两带轮中心线实际倾斜的角度。

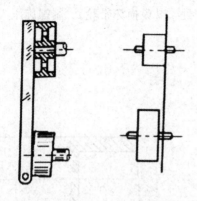

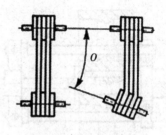

（a）钢直尺检查方法　（b）拉线法检查方法

图 6-28　带轮装配位置检查方法

图 6-29　带轮两轴线调整要求

3. V 带的装配

（1）V 带装配方法。V 带装配时，先将中心距缩小，等带套入带轮后，再逐步调整带的松紧。带的松紧程度调整如图 6-30 所示。调节时，用拇指压下带时手感应有一定的张力，压下 10～15 mm 后，手感明显有重感，手松后能立即复原为宜。

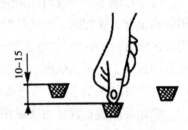

图 6-30　带安装调整

（2）V 带安装与张力大小的调整。安装 V 带时，应先将 V 带套在小带轮的轮槽中，再套在大带轮上，边转动大带轮，边将 V 带套入正确位置。

带传动是摩擦传动，适当的张紧力是保证带传动正常工作的重要因素。若张紧力不足，带将在带轮上打滑，不仅使传递动力不足，而且会造成带的急剧磨损；若张紧力过大，不仅会使带的寿命降低、轴承磨损加快，而且易引起振动。所以带传动中必须有张力调整装置。张力调整机构如图 6-31 所示。

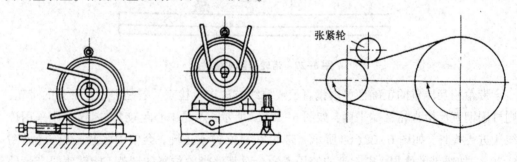

（a）改变中心距　　　　　　　　　　　（b）采用张紧轮

图 6-31　张力调整机构

4. 平带、齿形带的装配

平带轮装配时，应保证两带轮装配位置正确。平带工作时，带应在带轮宽度的中间位置，图 6-32 所示。图 6-33 所示为齿形（同步带）传动。

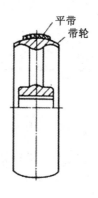

图 6-32　平带安装要求

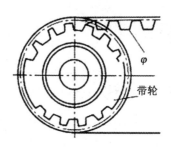

图 6-33　齿形（同步带）传动

两带轮轴线的平行度正确与否，不仅影响平带或齿形带的使用寿命，而且当平行度误差较大时，将造成带滑出而无法正常工作。因此，带轮装配后的调整工作非常重要。

调整时，将平带装好后盘动带轮，视平带的位置是否有滑移甚至滑出的可能，通过微调装置（一般机构中都有微调装置）调整带轮的机座位置，多次转动带轮，直到带转动位置始终在带轮中间位置不再变化为止，固定带轮基座并安装好防护罩才能试车，以免带滑出造成伤人事故。

（二）链传动机构的装配

链传动由两个链轮和连接它们的链条组成，通过链条与链轮的啮合来传递运动和动力。

链传动如图 6-34 所示。常用的链条有套筒滚子链（如自行车中的链条）和齿形链（图 6-35）。套筒滚子链与齿形链相比，噪声较

链传动

大，运动平稳性较差，传动速度不宜过大，但制造成本低，所以应用广泛。

1. 链传动机构装配的技术要求

（1）两链轮的轴线必须平行，否则会加剧链轮及链条的磨损，使噪声增大和平稳性降低。

（2）两链轮之间的轴向偏移量不能太大。当两轮中心距小于 500 mm 时，其轴向偏移量不超过 1 mm；当两轮中心距大于 500 mm 时，其轴向偏移量不超过 2 mm。

（3）链轮的径向圆跳动和端面圆跳动应符合要求。其跳动量可用划针盘或百分表找正。

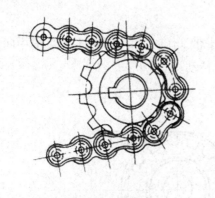

图 6-34　链传动

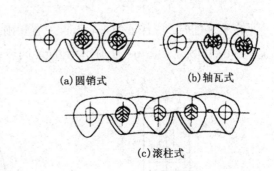

(a)圆销式　　(b)轴瓦式

(c)滚柱式

图 6-35　齿形链

（4）链条的松紧应适当。链条太紧，会使负荷增大，磨损加快；链条太松，容易产生振动或掉链现象。链条下垂度（f）的检验方法如图 6-36 所示。水平或稍微倾斜的链传动，其下垂度不大于中心距（L）的 20%；倾斜度增大时，下垂度就要减小。在竖直平面内进行的链传动，f 应小于 0.2%L。

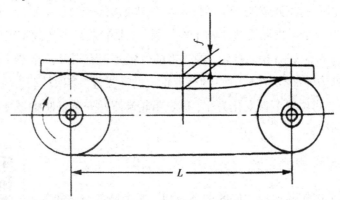

图 6-36　链条下垂度的检验

2. 链传动机构的装配方法

首先，应按照要求将两个链轮分别装到轴上并固定，然后装上链条。套筒滚子链的接头形式如图 6-37 所示。当使用弹簧卡片固定活动销轴时，要注意使开口的方向与链条速度的方向相反，否则弹簧卡片容易脱落。

（三）齿轮传动机构的装配

齿轮传动是最常见的传动方式之一，具有传动比恒定、变速范围大、传动效率高、传递功率大、结构紧凑、使用寿命长、能组成变速机构和换向机构等优点。但它的制造及装配要求高，若质量不良，不仅影响使用寿命，而且会产生较大的噪声。

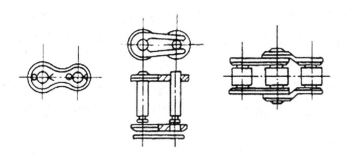

(a)开口销固定　　(b)弹簧卡片固定　　(c)过渡链节接合

图6-37　套筒滚子链的接头形式

1. 齿轮传动机构装配的技术要求

(1)要保证齿轮与轴的同轴度精度要求，严格控制齿轮的径向圆跳动和轴向窜动。

(2)保证齿轮有准确的中心距和适当的齿侧间隙。

(3)保证齿轮啮合有足够的接触面积和正确的接触位置。

(4)保证滑动齿轮在轴上滑移的灵活性和准确的定位位置。

(5)对转速高、直径大的齿轮，装配前应进行动平衡。

2. 圆柱齿轮传动机构的装配

齿轮传动的装配与齿轮箱的结构特点有关，对于开箱式齿轮箱(如减速器齿轮箱为两半对开式)，其装配方法是先将齿轮按照要求装入轴上，再将齿轮组件装入箱内，盖上上盖，对轴承进行固定、调整即可。

(1)齿轮与轴的装配。其装配形式有齿轮在轴上空转、齿轮在轴上滑移和齿轮在轴上固定三种。

当齿轮在轴上空转或滑移时，其配合精度取决于零件本身的制造精度，装配既简单又比较顺利。

当齿轮在轴上固定时，通常为过渡配合，装配时需要一定的压力。若过盈量不大，可用铜棒敲入或压入；若过盈量较大，可用压力机压入。装好后，要检验齿轮的径向圆跳动和端面圆跳动。其检验方法如图6-38所示。

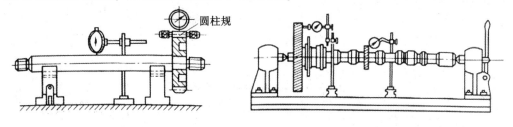

圆柱规

(a)径向圆跳动检验　　　　　　　　　　　(b)端面圆跳动检验

图6-38　齿轮径向、端面圆跳动的检验

（2）齿轮轴组与箱体的装配。对非对开式齿轮箱齿轮传动的装配是在箱内进行的，即在齿轮装入轴上的同时将轴组装入箱体内。为保证装配质量，装配前应对箱体上主要的孔进行精度检验。

① 同轴孔的同轴度检验。成批生产时可用专用芯棒检验，如图 6-39（a）所示。若芯棒能顺利穿入，则表明同轴度合格；若孔径不同，可制作检验套配合芯棒进行检验，如图 6-39（b）所示。

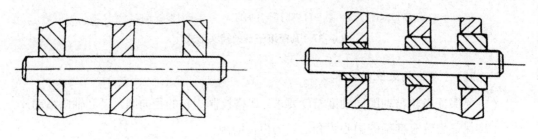

（a）等径孔同轴度检验　　　　　　　　　　　　　（b）不等径孔采用同轴轴套检验

图 6-39　孔同轴度的检验方法

② 孔中心距及平行度检验。中心距是影响齿侧间隙的主要因素，所以应保证中心距在规定的公差范围内。孔中心距和平行度误差既可用精度较高的游标卡尺直接测量，也可用千分尺和芯棒测量得出 L_1 和 L_2 后再通过计算得到。图 6-40 为两孔中心距检验示意图。

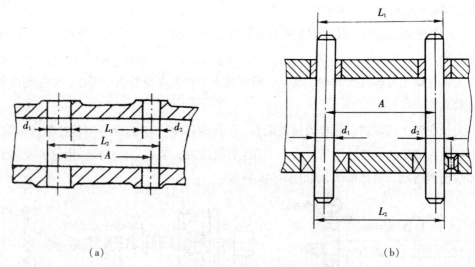

（a）　　　　　　　　　　　　　　　　　　（b）

图 6-40　两孔中心距检验示意图

中心距（A）的计算公式如下：

$$A = \frac{L_1 + L_2}{2} - \frac{d_1 + d_2}{2}$$ （6-5）

平行度误差等于 L_1 与 L_2 的差值。

（3）齿轮啮合质量的检验。该项检验包括齿侧间隙和接触精度两项。

① 齿侧间隙的检验。齿侧间隙最直观最简单的检验方法就是压铅丝法，如图6-41所示。在齿宽两端的齿面上，平行放置两段直径不小于齿侧间隙4倍的铅丝，转动啮合齿轮挤压铅丝，铅丝被挤压后最薄部分的厚度尺寸就是齿侧间隙（简称侧隙）。

图6-41 用铅丝检查齿侧间隙

② 接触精度的检验。接触精度是指接触面积大小和接触位置。啮合齿轮的接触面积可用涂色法进行检验。检验时，在齿轮两侧面都涂上一层均匀的显示剂（如红丹粉），然后转动主动轮，同时轻微制动从动轮（主要是增大摩擦力）。对于双向工作的齿轮，正、反两个方向都要进行检验。

齿轮侧面上印痕面积的大小应根据精度要求而定。一般而言，传动齿轮在齿廓的高度上接触不少于30%~50%，在齿廓的宽度上接触不少于40%~70%，其分布位置是以节圆为基准，上下对称分布。通过印痕的位置，可判断误差产生的原因，如图6-42所示。

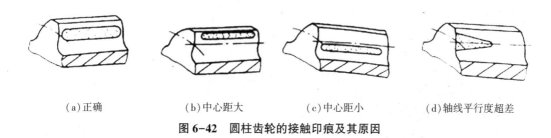

| (a)正确 | (b)中心距大 | (c)中心距小 | (d)轴线平行度超差 |

图6-42 圆柱齿轮的接触印痕及其原因

3. 圆锥齿轮传动机构的装配

圆锥齿轮装配的顺序应根据箱体的结构而定，一般是先装主动轮再装从动轮，把齿轮装到轴上的方法与圆柱齿轮装法相似。圆锥齿轮装配的关键是正确确定圆锥齿轮的轴向位置和啮合质量的检验与调整。

（1）圆锥齿轮轴向位置的确定。标准圆锥齿轮正确传动时，两齿轮分度圆锥相切，两锥顶重合。所以圆锥齿轮装配时，必须以此来确定小齿轮的轴向位置，即小齿轮的轴向位置应根据安装距离(即小齿轮基准面到大齿轮轴的距离)来确定。如大齿轮没装,可用工艺轴代替。然后根据啮合时侧隙要求来决定大齿轮的轴向位置。

对于用背锥面作基准的圆锥齿轮,装配时只要将背锥面对齐、对平,即说明轴向位置正确。如图6-43中,圆锥齿轮1的轴向位置用改变垫片厚度来调整,圆锥齿轮2的轴向位置可通过调整固定垫圈位置来确定。

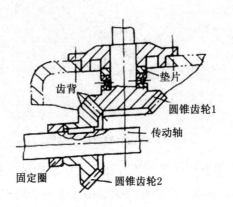

图 6-43　圆锥齿轮传动机构的装配调整

(2)圆锥齿轮啮合质量的检验。圆锥齿轮接触精度可用涂色法进行检验。根据齿面上啮合印痕的部位不同,采取合理的调整方法。调整方法可参阅表6-1。

表 6-1　圆锥齿轮副啮合辨别调整表

序号	图示	显示情况	调整方法
1		印痕恰好在齿面中间位置,并达到齿面长的2/3,装配调整位置正确	

表6-1(续)

序号	图示	显示情况	调整方法
2		小端接触	按图示箭头方向,一齿轮调退,另一齿轮调进。若不能用一般方法调整以达到正确位置,则应考虑由于轴线交角太大或太小,必要时修刮轴瓦
3		大端接触	
4		低接触区	小齿轮沿轴向移进,如侧隙过小,可将大齿轮沿轴向移出或同时调整,使两齿轮退出
5		高接触区	小齿轮沿轴向移出,如侧隙过大,可将大齿轮沿轴向移动或同时调整,使两齿轮靠近

表6-1(续)

序号	图示	显示情况	调整方法
6		同一齿的一侧接触区高,另一侧低	装配无法调整,调换零件。若只做单向传动,可按照低接触或高接触调整方法,考虑另一齿侧的接触情况

(四)螺旋传动机构的装配

螺旋传动机构的作用是把旋转运动变为直线运动。其特点是传动平稳、传动精度高、传递转矩大、无噪声和易于自锁等。它在机床进给运动中应用广泛。

1. 螺旋传动机构装配的技术要求

(1)丝杠螺母副应有较高的配合精度和准确的配合间隙。
(2)丝杠与螺母轴线的同轴度及丝杠轴线与基准面的平行度应符合要求。
(3)装配后,丝杠的径向圆跳动和轴向窜动应符合要求。
(4)丝杠与螺母相对转动应灵活。

2. 螺旋传动机构的装配方法

(1)合理调整丝杠和螺母之间的配合间隙。丝杠和螺母之间径向间隙由制造精度保证,无法调整。而轴向间隙直接影响传动精度和加工精度,所以当进给系统采用丝杠螺母传动时,必须有轴向间隙调整机构(简称消隙机构)来消除轴向间隙。图6-44为车床横向进给的消隙机构。当螺母和丝杠之间有轴向间隙时,其调整步骤是先松开螺钉1,再拧紧螺钉3,使楔块2上升向左挤压螺母,当消除轴向间隙后,拧紧螺钉1。

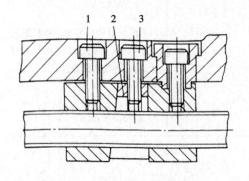

图 6-44 车床横向进给消隙机构

1,3—螺钉;2—楔块

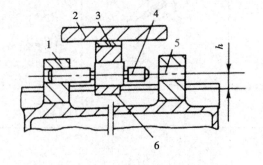

图 6-45 找正螺母对丝杠同轴度的方法

1,5—前后轴承座;2—工作台;3—垫片;
4—检验棒;6—螺母座

（2）找正丝杠与螺母的同轴度及丝杠与基准面的平行度。其找正方法是先找正支撑丝杠的两个轴承座上的轴承孔的轴线，使二者在同一轴线上，并与导轨基准面平行。若不合格，应修刮轴承座底面，再调整水平位置，使其达到要求。最后找正螺母对丝杠的同轴度，其找正方法如图 6-45 所示。找正时，将检验棒 4 插入螺母座 6 的孔中，移动工作台 2，若检验棒能顺利插入两轴承座孔内，说明同轴度符合要求；否则，应修配垫片 3，使之合格。

（3）调整好丝杠的回转精度。这主要是检验丝杠的径向圆跳动和轴向窜动，若径向圆跳动超差，则应矫直丝杠；若轴向窜动超差，则应调整相应机构予以保证。

（五）蜗杆传动机构的装配

蜗杆传动机构用来传递互相垂直的两轴之间的运动，如图 6-46 所示。该种传动机构有传动比大、工作平稳、噪声小和自锁性强等特点。但它的传动效率低，工作时发热量大，故必须有良好的润滑条件。

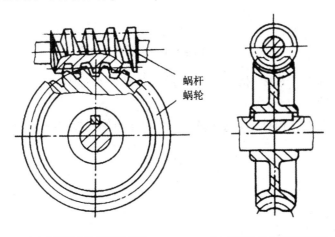

（a）主平面内为渐开线齿形　　　　　（b）齿宽方向为圆弧形齿形

图 6-46　蜗杆蜗轮传动机构

1. 蜗杆蜗轮传动机构装配的技术要求

（1）保证蜗杆轴线与蜗轮轴线垂直。

（2）蜗杆轴线应在蜗轮轮齿的对称中心平面内。

（3）蜗杆、蜗轮间的中心距一定要准确。

（4）有合理的齿侧间隙。

（5）保证传动的接触精度。

2. 蜗杆传动机构的装配顺序

（1）若蜗轮不是整体时，应先将蜗轮齿圈压入轮毂上，再用螺钉固定。

（2）将蜗轮装到轴上，其装配方法和装圆柱齿轮相似。

（3）把蜗轮组件装入箱体后再装蜗杆，蜗杆的位置由箱体精度来保证。要使蜗杆轴线位于蜗轮轮齿的对称中心平面内，应通过调整蜗轮的轴向位置来达到要求。

3. 蜗杆蜗轮传动机构啮合质量的检验

蜗杆蜗轮的接触精度用涂色法检验，可通过观察啮合斑点的位置和大小来判断装配质量存在的问题，并采用正确的方法来解决。图 6-47(a) 为正确接触，其接触斑点在蜗轮齿侧面中部稍偏于蜗杆旋出方向。图 6-47(b)(c) 表示蜗轮的位置错误，应通过配磨蜗轮垫圈的厚度来调整其轴向位置。

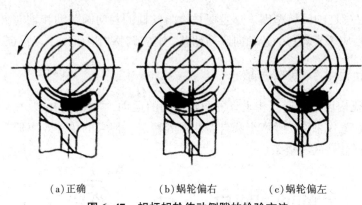

(a)正确   (b)蜗轮偏右   (c)蜗轮偏左

图 6-47 蜗杆蜗轮传动侧隙的检验方法

蜗杆蜗轮齿侧间隙一般要用百分表来测量。如图 6-48 所示，在蜗杆轴上固定一个带有量角器的刻度盘 2，把百分表测头支顶在蜗轮的侧面，用手转动蜗杆，在百分表不动的条件下，根据刻度盘相对指针转角的大小计算出齿侧间隙。其计算公式如下：

$$C_h = Z\pi m \frac{\alpha}{360°} \qquad (6-6)$$

式中，C_h——侧隙，mm；

    Z——蜗杆线数；

    m——蜗杆的轴向模数，mm；

    α——空程转角，(°)。

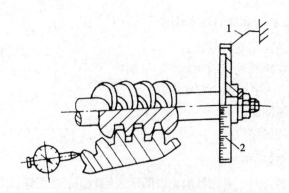

图 6-48 蜗杆蜗轮接触斑点的检验

1—指针；2—刻度盘

对于一些不重要的蜗杆传动机构，可用手转动蜗杆，根据空程量，凭经验判断侧隙大小。装配后的蜗杆传动机构，还要检查其转动的灵活性。如果在保证啮合质量的条件下又转动灵活，那么装配质量合格。

五、轴承和轴组的装配

轴承是支撑轴或轴上旋转件的部件。轴承的种类很多，按照轴承工作的摩擦性质，分有滑动轴承和滚动轴承；按照受载荷的方向，分有深沟球轴承(承受径向力)、推力轴承(承受轴向力)和角接触球轴承(承受径向力和轴向力)等。

(一)滑动轴承的装配

滑动轴承工作平稳可靠，无噪声，并能承受较大的冲击负荷，所以多用于精密、高速及重载的转动场合。

1.滑动轴承的工作原理

滑动轴承按照其润滑和摩擦状况不同，可分为液体润滑滑动轴承和半液体润滑滑动轴承(又称半干摩擦滑动轴承)。

(1)液体润滑滑动轴承。这种轴承分为动压滑动轴承和静压滑动轴承。

① 形成动压滑动轴承的过程如图6-49所示。轴静止时，在重力作用下处于和轴承接触的最低位置[见图6-49(a)]，此时润滑油被挤在两边形成楔形油膜，当轴旋转时，由于金属表面的附着力和润滑油本身的黏性，轴就带着油一起转动。当油进入楔缝时，油压升高，将轴浮起形成压力油楔，随着轴转速的增高，油的压力也随之升高，当轴转速达到一定程度时，轴在轴承中浮起[见图6-49(b)]，直至轴与轴承完全被油膜分开[见图6-49(c)]，形成动压滑动轴承，其摩擦系数为0.001~0.01。

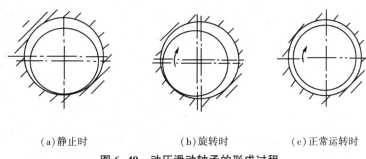

(a)静止时　　　　　　(b)旋转时　　　　　　(c)正常运转时

图6-49　动压滑动轴承的形成过程

② 静压滑动轴承是将具有一定压力的润滑油通过节流器输入到轴与轴承之间，形成压力油膜将轴浮起，获得液体润滑的滑动轴承。静压滑动轴承的最大缺点是调整比较麻烦。随着科技的发展，目前已经制成动压滑动轴承，它不仅具有静压滑动轴承的优点，而且调整方便。

(2)半液体润滑滑动轴承。这种滑动轴承虽然在轴和轴承之间存在油膜，但不能完全避免轴和轴承的直接摩擦，因此摩擦损失较大，易造成轴和轴承的磨损。这种轴承结构简单,制造方便,能保证一般情况下的正常工作,适用于低速、轻载、精度要求不高或间歇工作的场合。

2. 滑动轴承的结构形式

(1)整体式滑动轴承(图6-50)。该轴承实际就是将一个青铜套压入轴承座内,并用紧定螺钉固定制成。该轴承结构简单,制造容易,但磨损后无法调整轴与轴承之间的间隙,所以通常用于低速、轻载、间歇工作的机械上。

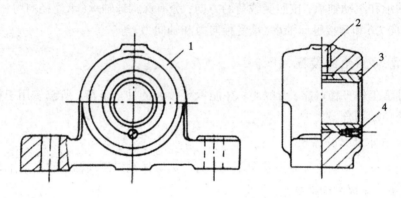

图6-50 整体式滑动轴承

1—轴承座;2—润滑孔;3—轴套;4—紧定螺钉

(2)剖分式滑动轴承(图6-51)。该轴承由轴承座、轴承盖、剖分轴瓦及螺栓组成。

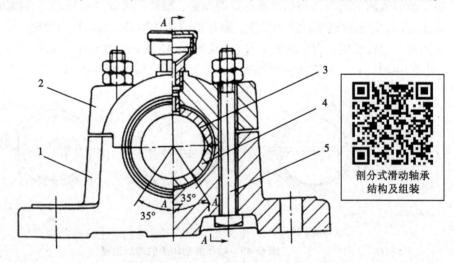

剖分式滑动轴承
结构及组装

图6-51 剖分式滑动轴承

1—轴承座;2—轴承盖;3,4—上、下轴瓦;5—螺栓

(3)内柱外锥式滑动轴承(图6-52)。该轴承由后螺母、箱体、轴承外套、前螺母、轴承和主轴组成。轴承的外表面为圆锥面,与轴承外套贴合。在外圆锥面上对称分布有轴向槽,其中一条槽切穿,并在切穿处嵌入弹性垫片,使轴承内径大小可以调整。

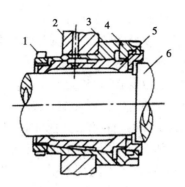

图 6-52　内柱外锥式滑动轴承

1—后螺母；2—箱体；3—轴承外套；

4—前螺母；5—轴承；6—主轴

3. 滑动轴承的装配方法

滑动轴承装配的主要技术要求是在轴颈与轴承之间获得合理的间隙，保证轴颈与轴承的良好接触，使轴颈在轴承中的旋转平稳可靠。

（1）整体式滑动轴承的装配。

① 将轴套和轴承座孔去毛刺，清理干净后，在轴承座孔内涂润滑油。

② 根据轴套尺寸和配合时过盈量的大小，采取敲入法或压入法将轴套装入轴承座孔内，并进行固定。

③ 轴套压入轴承座孔后，易发生尺寸和形状变化，应采用铰削或刮削的方法对内孔进行修整、检验，以保证轴颈与轴套之间有良好的间隙配合。

（2）剖分式滑动轴承的装配顺序。如图 6-53 所示，先将下轴瓦 4 装入轴承座 3 内，再装垫片 5 和上轴瓦 6，最后装轴承盖 7，并用螺母 1 固定。

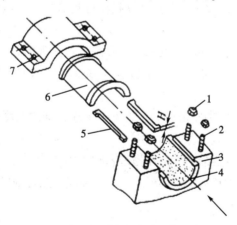

图 6-53　剖分式滑动轴承装配顺序

1—螺母；2—双头螺柱；3—轴承座；4—下轴瓦；

5—垫片；6—上轴瓦；7—轴承盖

剖分式滑动轴承装配时,应注意以下两个方面。

① 上、下轴瓦与轴承座、盖应接触良好,同时轴瓦的台肩应紧靠轴承座两端面。

② 为提高配合精度,轴瓦孔应与轴进行研点配刮。

(3)内柱外锥式滑动轴承的装配(见图6-52)。

① 将轴承外套3压入箱体2的孔中,并保证配合要求。

② 用芯棒研点,修刮轴承外套3的内锥孔,并保证前、后轴承孔的同轴度合格。

③ 在轴承5上钻油孔,与箱体2、轴承外套3油孔相对应,并与自身油槽相接。

④ 以轴承外套3的内孔为基准研点,配刮轴承5的外圆锥面,使接触精度符合要求。

⑤ 把轴承5装入轴承外套3的孔中,两端拧入螺母1和4,并调整好轴承5的轴向位置。

⑥ 以主轴为基准,配刮轴承5的内孔,使接触精度合格,并保证前、后轴承孔的同轴度符合要求。

⑦ 清洗轴颈及轴承孔,重新装入主轴,并调整好间隙。

(二)滚动轴承的装配

滚动轴承一般由外圈、内圈、滚动体和保持架组成。内圈和轴颈为基孔制配合,外圈和轴承座孔为基轴制配合。工作时,滚动体在内、外圈的滚道上滚动,形成滚动摩擦。滚动轴承具有摩擦力小、轴向尺寸小、更换方便和维护容易等优点,所以在机械制造中应用得十分广泛。

滚动轴承装配

1. 滚动轴承装配的技术要求

(1)滚动轴承上带有标记代号的端面应装在可见方向上,以便更换时查对。

(2)轴承装在轴上或装入轴承座孔后,不允许有歪斜现象。

(3)同轴的两个轴承中,必须有一个轴承在轴受热膨胀时有轴向移动的余地。

滚动轴承的
结构及组装

(4)装配轴承时,压力(或冲击力)应直接加在待配合的套圈端面上,不允许通过滚动体传递压力。

(5)装配过程中应保持清洁,防止异物进入轴承内。

(6)装配后的轴承应运转灵活、噪声小,工作温度不超过50 ℃。

2. 滚动轴承的装配方法

滚动轴承的装配方法应视轴承尺寸大小和过盈量来选择。一般滚动轴承的装配方法有锤击法、用螺旋或杠杆压力机压入法及热装法等。

(1)向心球轴承的装配。深沟球轴承属于常用向心球轴承,其常用的装配方法有锤击法和压入法。图6-54(a)是用铜棒垫上特制套,用锤子将轴承内圈装到轴颈上。图

6-54(b)是用锤击法将轴承外圈装入壳体内孔中。图 6-55 所示为用压入法将轴承内、外圈分别压入轴颈和轴承座孔中的方法。如果轴颈尺寸较大、过盈量也较大，为装配方便可用热装法，即将轴承放在温度为 80~100 ℃ 的油中加热，然后和常温状态的轴配合。

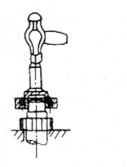 

(a)将内圈装到轴颈上　　　　　(b)将外圈装入孔内

图 6-54　锤击法装配滚动轴承

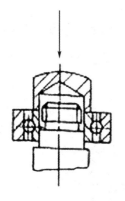 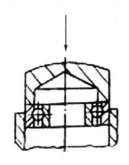 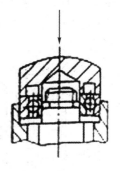

(a)将内圈压入轴颈上　　(b)将外圈装入轴承孔内　　(c)将内、外圈同时压入轴孔中

图 6-55　压入法装配滚动轴承

（2）角接触球轴承的装配。因角接触球轴承的内、外圈可以分离，所以可以用锤击、压入或热装的方法将内圈装到轴颈上，用锤击或压入法将外圈装到轴承孔内，然后调整游隙。

（3）推力球轴承的装配。推力球轴承有松圈和紧圈之分，装配时一定要注意，千万不能装反，否则将产生轴发热甚至卡死现象。装配时，应使紧圈靠在转动零件的端面上、松圈靠在静止零件（或箱体）的端面上，如图 6-56 所示。

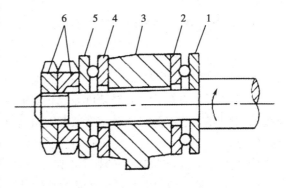

图 6-56　推力球轴承的装配

1，5—紧圈；2，4—松圈；3—箱体；6—螺母

3. 滚动轴承游隙的调整

滚动轴承的游隙是指在一个套圈固定的情况下，另一个套圈沿径向或轴向的最大活动量，故游隙又分径向游隙和轴向游隙两种。

滚动轴承的游隙既不能太大，也不能太小。若游隙太大，则会造成同时承受载荷的滚动体的数量减少，使单个滚动体的载荷增大，从而降低轴承的旋转精度，减少使用寿命；若游隙太小，则会使摩擦力增大，产生的热量增加，加剧磨损，同样能使轴承的使用寿命减少。因此，许多轴承在装配时都要严格控制和调整游隙。装配时，通常采用使轴承的内圈对外圈做适当的轴向相对位移的方法来保证游隙。

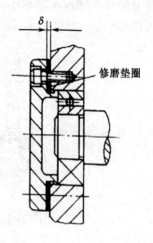

图 6-57　用垫片调整轴承游隙

（1）调整垫片法。通过调整轴承盖与壳体端面间的垫片厚度（δ），来调整轴承的轴向游隙，如图 6-57 所示。

（2）螺钉调整法。在图 6-58 所示的结构中，调整的顺序如下：先松开锁紧螺母 2，再调整螺钉 3，待游隙调整好后拧紧螺母 2。

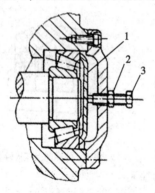

图 6-58　用螺钉调整轴承游隙

1—压盖；2—螺母；3—螺钉

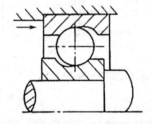

图 6-59　滚动轴承预紧的原理

4. 滚动轴承的预紧

对于承受载荷较大、旋转精度要求较高的轴承，大都是在无游隙甚至有少量过盈的状态下工作的，这些都需要轴承在装配时进行预紧。预紧是轴承在装配时，给轴承的内圈或外圈一个轴向力，以消除轴承游隙，并使滚动体与内、外圈接触处产生初变形。预紧能提高轴承在工作状态下的刚度和旋转精度。滚动轴承预紧的原理如图 6-59 所示。

（1）角接触球轴承的预紧。角接触球轴承装配时的布置方式如图 6-60 所示。图 6-60（a）为背对背（外圈宽边相对）式布置，图 6-60（b）为面对面（外圈窄边相对）式布置；图 6-60（c）为同向排列（又称成对背对背）式布置。无论采用何种方式布置，都是在同一组两个轴承间配置不同厚度的间隔套，以达到预紧的目的。

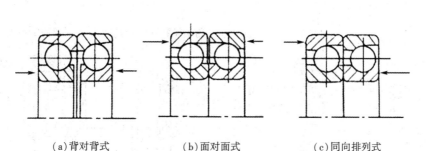

(a)背对背式　　　　(b)面对面式　　　　(c)同向排列式

图 6-60　角接触球轴承装配时的布置方式

（2）单个轴承的预紧。如图 6-61 所示，通过调整螺母，使弹簧产生不同的预紧力并施加在轴承外圈上，以达到预紧的目的。

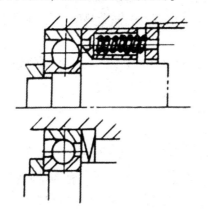

图 6-61　用弹簧预紧单个轴承

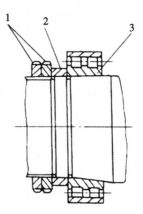

图 6-62　内圈为圆锥孔轴承的预紧
1—锁紧螺母；2—隔套；3—轴承内圈

（3）内圈为圆锥孔轴承的预紧。如图 6-62 所示，预紧时的工作顺序如下：先松开锁紧螺母 1 中左边的螺母，再拧紧右边的螺母，通过隔套 2 使轴承内圈 3 向轴颈大端移动，使内圈直径增大，从而消除径向游隙，以达到预紧目的；最后将锁紧螺母 1 中左边的螺母拧紧，起到锁紧的作用。

（三）轴组装配

轴是机械中的重要零件，所有带内孔的传动零件(如齿轮、带轮、蜗轮等)，都要装到轴上才能工作。轴、轴上零件与两端轴承支座的组合，称为轴组。

轴组装配是指将装配好的轴组组件，正确地安装到机器中，达到装配技术要求，保证其能正常工作。轴组装配主要是指将轴组装入箱体(或机架)中，进行轴承固定、游隙调整、轴承预紧、轴承密封和轴承润滑装置的装配。

轴承固定的方式有两端单向固定法和一端双向固定法两种。

（1）轴承两端单向固定法。如图 6-63 所示，在轴承两端的支点上，用轴承盖单向固定，分别限制两个方向的轴向移动。为避免轴受热伸长将轴卡死，在右端轴承外圈与端盖间留有 0.5~1.0 mm 的间隙，以便游动。

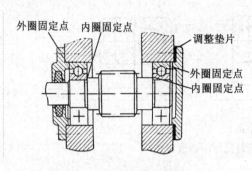

图6-63 轴承两端单向固定法

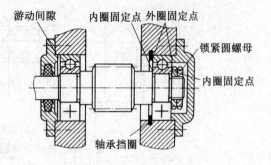

图6-64 轴承一端双向固定法

（2）轴承一端双向固定法。如图6-64所示，将右端轴承双向固定，左端轴承可随轴做轴向游动。这种固定方式工作时不会产生轴向窜动，轴受热时又能自由地向一端伸长，轴不会被卡死。

轴组装配时轴承游隙的调整和预紧方法，前面已经讲过，这里不再叙述。

（四）轴承、轴组装配技能训练

1. 滚动轴承定向装配方法

对于旋转精度要求较高的主轴，滚动轴承内圈往主轴的轴颈上装配时，可采用两者回转误差的高点对低点相互抵消的办法进行装配，这种装配方法称为定向装配法。装配前须对主轴及轴承等主要配合零件进行测量，确定误差值和方向并做好标记。

（1）测量轴承外圈径向圆跳动误差的方法。如图6-65（a）所示，转动外圈并沿百分表方向施加一定的负荷，标出外圈径向圆跳动的最高（低）点和数值。

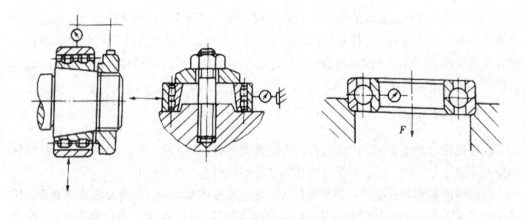

（a）   （b）

图6-65 测量轴承径向圆跳动的方法

（2）测量轴承内圈径向圆跳动误差的方法。如图6-65（b）所示，检测时外圈固定不动，内圈端面上加适当负荷 F（见表6-2），旋转内圈，按照表针的指示标出内圈径向圆跳动的最高（低）点和数值。

表 6-2　检查径向跳动时所加的负荷

轴承公称内径/mm	检查时所加的负荷(不大于)/N	
	角接触轴承	角接触球轴承(不大于)
小于 30	40	15
30~50	80	20
大于 50~80	120	30
大于 80~120	150	50

(3)测量主轴前端定心表面对主轴前、后轴颈公共轴线的径向圆跳动,并标出最高(低)点和数值,测量方法见图 6-66。检测时,将主轴轴颈置于 V 形架上,轴向用钢球支撑在角铁上,在主轴锥孔中插入检验棒,把百分表分别支在近主轴端及距主轴 L 处,转动主轴测出锥孔中心线的偏差方向,并做好标记。

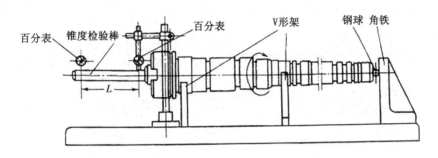

图 6-66　测量主轴锥孔中心线偏差方向的方法

(4)装配时,轴承内圈径向圆跳动量较大的放在后支撑上。前、后支撑中各轴承内圈径向圆跳动的最高点位置(标记)应置于同一方向,且与主轴所标最高点的方向相反,使被测表面中心向实际旋转中心 O_2 靠拢,见图 6-67。当前后轴承的内圈分别有偏心误差 $\delta_后$ 和 $\delta_前$(且 $\delta_后 > \delta_前$),主轴锥孔中心线 O_3 与支撑轴颈公共轴线 O_1 有偏离距离 δ 时,则按照定向装配的原则确定轴承与轴颈的装配位置时,主轴锥孔的回转中心线将出现最小的径向跳动误差 Δr。

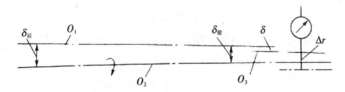

图 6-67　定向装配原则示意图

按照定向装配法装配后的轴承,应保证其内圈与轴颈不再发生相对转动,否则将丧失已获得的调整精度。

2. 车床主轴轴组的装配

主轴部件是车床的关键部分，在工作时承受很大的切削抗力。加工工件的精度和表面粗糙度，在很大程度上取决于主轴部件的刚度和回转精度。

（1）主轴部件的精度。它是指主轴部件在装配调整之后的回转精度，包括主轴的径向圆跳动、轴向窜动及主轴旋转的均匀性和平稳性。

（2）主轴部件的装配。图6-68为C630型车床主轴部件，其前端采用双列向心短圆柱滚子轴承（前轴承）2，用以承受切削时的径向力。主轴的轴向力则由角接触球轴承8和圆锥滚子轴承（后轴承）10承受。调整螺母13可控制主轴的轴向窜动量，并使主轴轴向双向固定。当主轴运转使温度升高后，允许主轴向前端伸长，而不影响前轴承所调整好的工作间隙。大齿轮4与主轴用锥面接合，装拆方便。

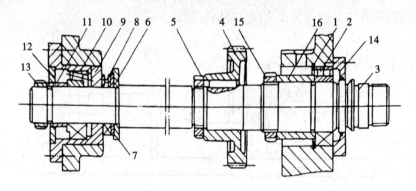

图 6-68　C630 型车床主轴部件

1—卡环；2—前轴承；3—主轴；4—大齿轮；5, 13, 15—螺母；6—垫圈

7—开口垫圈；8—角接触球轴承；9—轴承座；10—后轴承；11—衬套

12—盖板；14—前法兰盘；16—调整套

C630型车床主轴部件的装配顺序如下。

① 将卡环1和前轴承2的外圈装入主轴箱体前轴承孔中。

② 将前轴承2的内圈按照定向装配法从主轴的后端套上，并依次装入调整套16和调整螺母15，如图6-69（a）所示。适当预紧螺母15，防止轴承内圈改变方向。

③ 将图6-69（a）所示的主轴组件从箱体前轴承孔中穿入，在此过程中，依次将键、大齿轮4、螺母5、垫圈6、开口垫圈7和角接触球轴承8装在主轴上，然后把主轴穿至要求的位置。

④ 从箱体后端，将图6-69（b）所示的后轴承壳体小组件装入箱体，并拧紧螺钉。

⑤ 将圆锥滚子轴承10的内圈按照定向装配法装在主轴上，敲击时用力不要过大，以免主轴移动。

⑥ 依次装入衬套11、盖板12、螺母13及前法兰盘14，并拧紧所有螺钉。

⑦ 对装配情况进行全面检查，防止遗漏和错装。

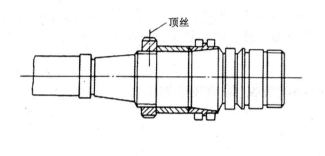
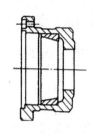

（a）主轴组件　　　　　　　　　　　　　　（b）后轴承壳体小组件

图 6-69　主轴分组件装配

（3）主轴部件的调整。C630 型车床主轴前、后轴承的调整顺序是先调整后轴承、再调整前轴承 8。因为后轴承为圆锥滚子轴承，在未调整之前，主轴可以任意翘动，不能定心，以免影响前轴承调整的准确性，所以应当先调整好。

① 后轴承的调整。先将螺母 15 松开，旋转螺母 13，逐渐收紧后轴承 10 和角接触球轴承 8。用百分表触及主轴 3 前端面，用适当的力，前后推动主轴 3，保证轴向间隙在0.01 mm 之内。同时用手转动大齿轮 4，若感觉其不太灵活，可能是后轴承 10 内、外圈没有装正，此时可用大木锤（或铜棒）在主轴 3 前、后端敲击，直到手感觉主轴旋转灵活为止，最后将螺母 13，15 锁紧。

② 前轴承的调整。逐渐拧紧螺母 15，通过调整套 16 的移动，使轴承内圈做轴向移动，迫使内圆胀大。用百分表触及主轴前端轴颈处，如图 6-70 所示。撬动杠杆使主轴受 200～300 N 的径向力，保证轴承径向间隙在 0.005 mm 之内，且用手转动大齿轮 4，应感觉其灵活自如，最后将螺母 15 锁紧。

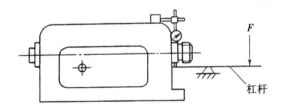

图 6-70　主轴径向间隙的检查

装配轴承内圈时，应先检查其内锥面与主轴锥面的接触面积，一般接触面积应大于50%。如果锥面接触不良，收紧轴承时，会使轴承内滚道发生变形，进而破坏轴承精度，减少轴承使用寿命。

（4）主轴的试车调整。机床正常运转时，主轴箱内温度升高，主轴轴承间隙也会发生变化。而主轴的实际理想工作间隙，是在机床温升稳定后所调整的间隙。试车调整方法如下。

按照要求给主轴箱加入润滑油，用划针在螺母边缘和主轴上做出标记，并记住原始位置。适当拧松螺母 15 和螺母 13，用木锤（或铜棒）在主轴 3 前、后端适当振击，使轴承回松,保持间隙在 0~0.02 mm。主轴 3 从低速到高速空转时间不超过 2 h,在最高速的运转时间不少于 30 min,一般油温不超过 60 ℃即可。停车后,锁紧圆螺母 15 和螺母 13,结束调整工作。

六、减速器的拆、装及调试验收(综合技能训练)

(一)目的

(1)通过实操理解装配操作。

(2)巩固读装配图的方法。

(3)能正确选用、使用装配钳工常用工装、量具、量仪及方法对典型连接、轴承轴组、简单机器进行组装、部装和总装,能对装调对象进行正确检验、调试、润滑,以达到技术要求。

(4)加强对装配工艺的理解和重视。一部机器由许多不同的部件组成,部件又由许多不同的零件组成,因此,装配工艺就是整个装配过程中的总指挥,用于指导装配工作的顺序。

(5)从分步练习到综合训练,使学生学会自主学习知识技能的方法,逐步养成利用所学知识技术、现有资源、有效搜集资源去分析和解决实际问题的能力。

(二)要求

齿轮减速器的
装配过程

(1)个人独立正确拆、装减速器。

(2)观察减速器结构,并回答以下问题。

① 轴数是多少?相互位置关系如何?

② 齿轮数是多少?属于什么种类?每个齿轮有多少齿数?相互位置关系如何?

(3)分析减速原理。

(4)思考减速级数是多少。

(5)画出传动装置示意图。

(6)计算传动比,阐述其减速能力。

(三)准备

读懂减速器装配图,结合实物图(图 6-71)明确其结构。

图 6-71　减速器实物图

齿轮减速器主要由直齿圆柱齿轮、角接触轴承、深沟球轴承、支架、轴、端盖、键等组成。

（四）齿轮减速器的实训内容

根据齿轮减速器装配图，使用相关工、量具进行齿轮减速器的组合装配与调试，并达到以下实训要求。

（1）能够读懂齿轮减速器的部件装配图。通过装配图能够清楚零件之间的装配关系、机构的运动原理及功能。理解图纸中的技术要求，基本零件的结构装配方法，轴承、齿轮精度的调整等。

（2）能够规范合理地写出齿轮减速器的装配工艺过程。

（3）轴承的装配。先用柴油、煤油清洗轴承，再进行装配。装配过程应规范，不能盲目敲打，手锤不能直接敲击轴承，而应借助钢套，用手锤均匀直接敲打缸套来间接对轴承内、外圈加力。根据运动部位要求，加入适量润滑脂。

（4）齿轮的装配。齿轮定位可靠，以承担负载，移动齿轮的灵活性。圆柱啮合齿轮的啮合齿面宽度差不应超过5%（即两个齿轮的错位）。

（5）装配的规范化。装配顺序合理，传动部件主次分明，润滑运动部件，调整啮合部件间隙。

（五）齿轮减速器拆装所需设备、工装、量具

（1）THMDZT-1型机械装调技术综合实训装置。

（2）内六角扳手。

（3）橡胶锤。

（4）长柄十字。

（5）三角拉马。

（6）活动扳手250 mm。

（7）圆螺母扳手M16，M27（用于拆、装圆螺母）。

（8）外用卡簧钳直角7寸。

（9）防锈油。

（10）紫铜棒。

（11）轴承装配套筒。

（12）零件盒。

（六）设备操作注意事项

（1）实训工作台应放置平稳，平时应注意清洁，长时间不用时最好加涂防锈油。

（2）实训时，长头发的学生须戴防护帽，不准将长发露出帽外；除专项规定外，不准穿裙子、高跟鞋、拖鞋、风衣、长大衣等。

（3）装置运行调试时，不准戴手套、长围巾等，其他佩戴饰物不得悬露。

(4)实训完毕后，及时关闭各电源开关，整理好实训器件，并放入规定位置。

（七）齿轮减速器的装配步骤

1. 左、右挡板的装配

将左、右挡板固定在齿轮减速器底座上，如图6-72所示。

图6-72　将左、右挡板固定在齿轮减速器底座上

2. 输入轴的装配

如图6-73所示，将两个角接触轴承(按照背靠背的装配方法)安装在输入轴上，轴承中间加轴承内、外圈套筒。安装轴承座套和轴承透盖。安装好齿轮和轴套后，将轴承座套固定在箱体上，挤压深沟球轴承的内圈，把轴承安装在轴上，装上轴承闷盖，套上轴承内圈预紧套筒。最后通过调整圆螺母来调整两角接触轴承的预紧力。

图6-73　输入轴的装配

3. 中间轴的装配

如图6-74所示，把深沟球轴承压装到固定轴一端，安装两个齿轮和齿轮中间齿轮套筒及轴套后，挤压深沟球轴承的内圈，把轴承安装在轴上，最后打上两端的闷盖。

图 6-74 中间轴的装配

4. 输出轴的装配

将两个角接触轴承(按照背靠背的装配方法)安装在输出轴上,轴承中间加轴承内、外圈套筒。安装轴承座套和轴承透盖。安装好齿轮后,装紧两个圆螺母,挤压深沟球轴承的内圈,把轴承安装在轴上,装上轴承闷盖,套上轴承内圈预紧套筒。最后通过调整圆螺母来调整两角接触轴承的预紧力。

5. 轴承端盖的装配

(1)固定端透盖的组装。如图 6-75 所示,把固定端透盖的四颗螺丝预紧,用塞尺检测透盖与轴承室的间隙,选择一种厚度最接近间隙大小的青稞纸垫片,在青稞纸上涂上黄油,并安装在透盖与轴承室之间。

图 6-75 固定端透盖的组装

图 6-76 游动端闷盖的组装

(2)游动端闷盖的组装。如图 6-76 所示,选择 0.3 mm 厚度的青稞纸,在青稞纸上涂上黄油,并安装在闷盖与变速箱侧板之间。

至此完成齿轮减速器的装配与调整。装配完成后的齿轮减速器如图 6-77 所示。

图 6-77　装配完成后的齿轮减速器

（八）分析作答

(1)减速器的轴数有多少？其相互位置关系如何？

(2)齿轮数有多少？种类有多少？每个齿轮齿数有多少？其相互位置关系如何？

(3)分析减速原理。

(4)判断减速级数。

(5)画出传动装置示意图。

(6)计算传动比，阐述其减速能力。

二级圆柱齿轮
减速器拆卸

（九）齿轮减速器拆装、调试项目考核

齿轮减速器拆装、调试评分表如表 6-3 所列。

表 6-3　齿轮减速器拆装、调试评分表

制作者姓名	项目												总分
	会读装配图	正确分析结构	会制定正确的装配工艺步骤	会正确选用拆装工、量具	会正确使用拆装工、量具	装配操作规范	减速原理明确	正确分析减速级数	传动系统示意图绘制正确	减速能力分析准确	能对装好的减速器进行调试	安全文明操作	
	(5分)	(5分)	(10分)	(5分)	(10分)	(10分)	(10分)	(10分)	(10分)	(10分)	(10分)	(5分)	(100分)
学生测评													
教师测评													
备注：													

（1）什么是装配？

（2）什么是装配工艺规程？

（3）确定装配顺序应遵循的原则有哪些？

（4）拆装的二级齿轮减速器属于机器的哪一部分？拆装它时用到了哪些拆装知识和技术？

（5）学习并实操本项目工作任务后，你有何收获？

任务三　项目工作评价及反馈

评价目标

（1）能正确规范撰写总结。

（2）对工作项目进行正确评价。

（3）能采用多种形式进行成果展示。

评价与分析

一、工作过程评价

下面采用自我评价、小组评价、教师评价相结合的发展性评价体系对项目工作过程进行评价。

（一）自我评价

自我评价见表6-4。

表6-4　自我评价表

班级：_____　　姓名：_____　　学号：_____号　　___年___月___日

评价项目	评价标准	配分	等级评定			
			A	B	C	D
学习（工作）态度	态度端正、工作认真，没有无故缺席、迟到、早退、脱岗现象；及时完成各项学习任务，不拖延	10				
安全文明操作习惯	习惯良好，遵守钳工各项操作规程，文明操作	10				

表6-4(续)

评价项目	评价标准	配分	等级评定			
			A	B	C	D
设备及工、量、刃具的使用	会正确选择钳工常用设备及工、量、刃具,并能正确使用	10				
社会能力	能与同学、小组成员积极沟通、交流合作,具有一定的组织能力和协调能力	10				
职业素养	与企业岗位需求接轨,爱岗敬业,养成良好的职业行为习惯;热爱劳动,有工匠精神	10				
学习能力	依据现实需要,利用具备的知识技能、现有资源或多渠道进行有效资查阅搜集,不断学习新知识、新技术,寻找解决实际问题的方法步骤,完成项目任务	10				
技能操作	(1)识图能力强; (2)熟悉机械拆装工艺流程选择、技能技巧工艺路线优化; (3)熟练掌握钳工专业所学各项操作技能,基本功扎实; (4)动手能力强,能做到理论联系实际,并能灵活应用; (5)熟悉质量检测及分析方法,结合实际,提高自己的综合实践能力; (6)掌握装配精度控制和尺寸链的基本算法	10				
创新意识	能从资源学习(如阅览相关技术资料、搜集与观看相关视频等)中受到启发,可以优化项目完成方法或工艺,或者有独到见解被采纳	10				
学习成果(作品)	通过学习和规范的技能操作,使得学习成果(作品)达到项目目标要求	20				
合计		100				

注:等级评定:A代表"优"(10分);B代表"好"(8分);C代表"一般"(6分);D代表"有待提高"(4分)。

(二)小组评价

小组评价见表6-5。

表6-5 小组评价表

被评人姓名:_____ 学号:_____号 ___年___月___日 评价人:_____

评价项目	评价标准	配分	等级评定			
			A	B	C	D
学习(工作)态度	态度端正、工作认真,没有无故缺席、迟到、早退、脱岗现象;及时完成各项学习任务,不拖延	10				

表6-5（续）

评价项目	评价标准	配分	等级评定			
			A	B	C	D
安全文明操作习惯	习惯良好，遵守钳工各项操作规程，文明操作	10				
设备及工、量、刃具的使用	会正确选择钳工常用设备及工、量、刃具，并能正确使用	10				
社会能力	能与同学、小组成员积极沟通、交流合作，具有一定的组织能力和协调能力	10				
职业素养	与企业岗位需求接轨，爱岗敬业，养成良好的职业行为习惯；热爱劳动，有工匠精神	10				
学习能力	依据现实需要，利用具备的知识技能、现有资源或多渠道进行有效资源查阅搜集，不断学习新知识、新技术，寻找解决实际问题的方法步骤，完成项目任务	10				
技能操作	(1)识图能力强； (2)熟悉机械拆装工艺流程选择、技能技巧工艺路线优化； (3)熟练掌握钳工专业所学各项操作技能，基本功扎实； (4)动手能力强，能做到理论联系实际，并能灵活应用； (5)熟悉质量检测及分析方法，结合实际，提高自己的综合实践能力； (6)掌握装配精度控制和尺寸链的基本算法	10				
创新意识	能从资源学习(如阅览相关技术资料、搜集与观看相关视频等)中受到启发，可以优化项目完成方法或工艺，或者有独到见解被采纳	10				
学习成果(作品)	通过学习和规范的技能操作，使得学习成果(作品)达到项目目标要求	20				
合计		100				

注：等级评定：A代表"优"(10分)；B代表"好"(8分)；C代表"一般"(6分)；D代表"有待提高"(4分)。

(三)教师评价

教师评价见表6-6。

表6-6 教师评价表

被评人姓名：_____ 学号：_____号 ___年___月___日 教师：_____

评价项目	评价标准	配分	等级评定			
			A	B	C	D
学习(工作)态度	态度端正、工作认真，没有无故缺席、迟到、早退、脱岗现象；及时完成各项学习任务，不拖延	10				
安全文明操作习惯	习惯良好，遵守钳工各项操作规程，文明操作	10				
设备及工、量、刃具的使用	会正确选择钳工常用设备及工、量、刃具，并能正确使用	10				
社会能力	能与同学、小组成员积极沟通、交流合作，具有一定的组织能力和协调能力	10				
职业素养	与企业岗位需求接轨，爱岗敬业，养成良好的职业行为习惯；热爱劳动，有工匠精神	10				
学习能力	依据现实需要，利用具备的知识技能、现有资源或多渠道进行有效资源查阅搜集，不断学习新知识、新技术，寻找解决实际问题的方法步骤，完成项目任务	10				
技能操作	(1)识图能力强； (2)熟悉机械拆装工艺流程选择、技能技巧工艺路线优化； (3)熟练掌握钳工专业所学各项操作技能，基本功扎实； (4)动手能力强，能做到理论联系实际，并能灵活应用； (5)熟悉质量检测及分析方法，结合实际，提高自己的综合实践能力； (6)掌握装配精度控制和尺寸链的基本算法	10				
创新意识	能从资源学习(如阅览相关技术资料、搜集与观看相关视频等)中受到启发，可以优化项目完成方法或工艺，或者有独到见解被采纳	10				
学习成果(作品)	通过学习和规范的技能操作，使得学习成果(作品)达到项目目标要求	20				
合计		100				

注：等级评定：A代表"优"(10分)；B代表"好"(8分)；C代表"一般"(6分)；D代表"有待提高"(4分)。

(四)综合评价

综合评价见表6-7。

表 6-7　综合评价表

班级：_____　　　　　　　　　　　　　　　　时间：_____

姓名	评价占比			综合评分
	自我评价（20%）	小组评价（20%）	教师评价（60%）	

二、作业成果展示评价

（一）小组评价

将个人的作业成果先进行分组展示，再由小组推荐代表做必要的介绍。在展示作业成果的过程中，学生以小组为单位对其进行评价。评价完成后，将其他小组成员对本小组展示的作业成果评价意见进行归纳总结，并完成如下题目。

（1）展示的作业成果符合要求吗？

符合□　　　　　　　　不符合□

（2）与其他小组相比，你认为本小组的作业成果的质量如何？

优秀□　　　　　　　　合格□　　　　　　　　一般□

（3）本小组介绍作业成果时的表达是否清晰？

很好□　　　　　　　　一般□　　　　　　　　不清晰□

（4）本小组演示作业成果检测方法的操作正确吗？

正确□　　　　　　　　部分正确□　　　　　　　不正确□

（5）本小组在演示操作时遵循了"6S"的工作要求吗？

符合工作要求□　　　　忽略了部分要求□　　　完全没有遵循工作要求□

（6）本小组成员的团队创新精神如何？

良好□　　　　　　　　一般□　　　　　　　　不足□

（7）在本次任务中，你所在的小组是否达到学习目标？你对所在小组的建议是什么？你给所在小组的评分是多少？

_____

（二）自我评价

自我评价小结：

_____

（三）教师评价

教师对各小组展示的作业成果分别做评价。

（1）对各小组的优点进行点评。

（2）对展示过程中各小组的缺点进行点评，改进学习方法。

（3）总结整个任务完成过程中出现的亮点和不足。

（四）综合评价

任课教师：_____   _____年_____月_____日

项目六小结

齿轮减速器的拆卸与安装
- 装配基础知识
- 读装配图（明确结构、原理、要求、检测方法）
- 固定连接的装配
- 螺纹连接的装配
- 键连接的装配
- 销连接装配
- 过盈配合装配
- 管道连接装配

共性知识：
1. 结构、作用、原理、种类……
2. 装配的技术要求
3. 装配操作方法
4. 注意事项

- 传动机构的装配（带、链、齿轮、螺旋、蜗杆传动装配）
- 轴承与轴组的装配（滑动轴承、滚动轴承、轴组装配）
- 减速器的拆、装，调试验收（重点）

参考文献

[1] 辛长平,左效波.机械装配钳工基础与技能[M].北京:电子工业出版社,2014.

[2] 郑兴夏.金属零件手工制作与测量[M].北京:高等教育出版社,2016.

[3] 苏华礼.徐铭.金工实习[M].长春:吉林大学出版社,2010.

[4] 徐彬.钳工技能鉴定考核试题库[M].2 版.北京:机械工业出版社,2014.

[5] 许光驰.机械加工实训教程[M].北京:机械工业出版社,2013.

[6] 人力资源和社会保障部职业技能鉴定中心.钳工(中级)国家职业技能鉴定考核指导[M].东营:中国石油大学出版社,2016.

[7] 陈刚,刘新灵.钳工基础[M].北京:化学工业出版社,2014.

[8] 汪哲能.钳工工艺与技能训练[M].2 版.北京:机械工业出版社,2014.

[9] 杨新田.钳工工艺与技能[M].北京:兵器工业出版社,2018.

[10] 王文显.钳工工艺与技能训练[M].北京:中国劳动社会保障出版社,2008.

[11] 童永华,冯忠伟.钳工技能实训[M].4 版.北京:北京理工大学出版社,2018.

[12] 邓集华.钳工基础技能实训[M].2 版.北京:机械工业出版社,2022.

附　录

附录一　相关附表

表 F-1　钻钢料时的切削用量（用切削液）

钢料的性能	进给量(f)/(mm·r^{-1})													
	0.20	0.27	0.36	0.49	0.66	0.88								
	0.16	0.20	0.27	0.36	0.49	0.66	0.88							
	0.13	0.16	0.20	0.27	0.36	0.49	0.66	0.88						
	0.11	0.13	0.16	0.20	0.27	0.36	0.49	0.66	0.88					
好	0.09	0.11	0.13	0.16	0.20	0.27	0.36	0.49	0.66	0.88				
↓		0.09	0.11	0.13	0.16	0.20	0.27	0.36	0.49	0.66	0.88			
差		0.09	0.11	0.13	0.16	0.20	0.27	0.36	0.49	0.66	0.88			
			0.09	0.11	0.13	0.16	0.20	0.27	0.36	0.49	0.66	0.88		
				0.09	0.11	0.13	0.16	0.20	0.27	0.36	0.49	0.66	0.88	
					0.09	0.11	0.13	0.16	0.20	0.27	0.36	0.49	0.66	
						0.09	0.11	0.13	0.16	0.20	0.27	0.36	0.49	
钻头直径/mm	切削速度(v)/(m·min^{-1})													
≤4.6	43	37	32	27.5	24	20.5	17.7	15	13	11	9.5	8.2	7	6
≤9.6	50	43	37	32	27.5	24	20.5	17.7	15	13	11	9.5	8.2	7
≤20	55	50	43	37	32	27.5	24	20.5	17.7	15	13	11	9.5	8.2
≤30	55	55	50	43	37	32	27.5	24	20.5	17.7	15	13	11	9.5
≤60	55	55	55	50	43	37	32	27.5	24	20.5	17.7	15	13	11

注：钻头为高速钢标准麻花钻。

表 F-2　钻铸铁时的切削用量

铸铁硬度(HBW)	进给量(f)(mm·r⁻¹)												
140~152	0.20	0.24	0.30	0.40	0.53	0.70	0.95	1.3	1.7				
153~166	0.16	0.20	0.24	0.30	0.40	0.53	0.70	0.95	1.3	1.7			
167~181	0.13	0.16	0.20	0.24	0.30	0.40	0.53	0.70	0.95	1.3	1.7		
182~199		0.13	0.16	0.20	0.24	0.30	0.40	0.53	0.70	0.95	1.3	1.7	
200~217			0.13	0.16	0.20	0.24	0.30	0.40	0.53	0.70	0.95	1.3	1.7
218~240				0.13	0.16	0.20	0.24	0.30	0.40	0.53	0.70	0.95	1.3
钻头直径/mm	切削速度(v)/(m·min⁻¹)												
≤3.2	40	35	31	28	25	22	20	17.5	15.5	14	12.5	11	9.5
≤8	45	40	35	31	28	25	22	20	17.5	15.5	14	12.5	11
≤20	51	45	40	35	31	28	25	22	20	17.5	15.5	14	12.5
>20	55	53	47	42	37	33	29.5	26	23	21	18	16	14.5

注：钻头为高速钢标准麻花钻。

表 F-3　铰刀的直径公差及适用范围

铰刀公称直径/mm	一号铰刀			二号铰刀			三号铰刀		
	上偏差/μm	下偏差/μm	公差/μm	上偏差/μm	下偏差/μm	公差/μm	上偏差/μm	下偏差/μm	公差/μm
3~6	17	9	8	30	22	8	38	26	12
6~10	20	11	9	35	26	9	46	31	15
10~18	23	12	11	40	29	11	53	35	18
18~30	30	17	13	45	32	13	59	38	21
30~50	33	17	16	50	34	16	68	43	25
50~80	40	20	20	55	35	20	75	45	30
80~120	46	24	22	58	36	22	85	50	35
未经研磨适用的场合	H9			H10			H11		
研磨后适用的场合	N7, M7, K7, J7			H7			H9		

表 F-4　普通螺纹直径与螺距

单位:mm

公称直径(D)(d)			螺距(P)	
第一系列	第二系列	第三系列	粗牙	细牙
4			0.7	0.5
5			0.8	
6		7	1	0.75, 0.5
8			1.25	1, 0.75, (0.5)
10			1.5	1.25, 1, 0.75, (0.5)
12			1.75	1.5, 1.25, 1, (0.75), (0.5)
	14		2	1.5, (1.25), 1, (0.75), (0.5)
		15		1.5, (1)
16			2	1.5, 1, (0.75), (0.5)
20	18		2.5	2, 1.5, 1, (0.75), (0.5)
24			3	2, 1.5, 1, (0.75)
		25		2, 1.5, (1)
	27		3	2, 1.5, 1, (0.75)
30			3.5	(3), 2, 1.5, 1, (0.75)
36			4	3, 2, 1.5, (1)
		40		(3), (2), 1.5
42	45		4.5	(4), 3, 2, 1.5, (1)
48			5	(4), 3, 2, 1.5, (1)
		50		(3), (2), 1.5

注:1. 括号内的数据尽可能不用。

　　2. 优先选用第一系列。

表 F-5　普通螺纹攻螺纹前钻底孔的钻头直径　　　　单位:mm

螺纹直径(D)	螺距(P)	钻头直径(d_0) 铸铁、青铜、黄铜	钻头直径(d_0) 钢、可锻铸铁、纯铜、层压板	螺纹直径(D)	螺距(P)	钻头直径(d_0) 铸铁、青铜、黄铜	钻头直径(d_0) 钢、可锻铸铁、纯铜、层压板
2	0.4	1.6	1.6	14	2	11.8	12
2	0.25	1.75	1.75	14	1.5	12.4	12.5
2.5	0.45	2.05	2.05	14	1	12.9	13
2.5	0.35	2.15	2.15	16	2	13.8	14
3	0.5	2.5	2.5	16	1.5	14.4	14.5
3	0.35	2.65	2.65	16	1	14.9	15
4	0.7	3.3	3.3	18	2.5	15.3	15.5
4	0.5	3.5	3.5	18	2	15.8	16
5	0.8	4.1	4.2	18	1.5	16.4	16.5
5	0.5	4.5	4.5	18	1	16.9	17
6	1	4.9	5	20	2.5	17.3	17.5
6	0.75	5.2	5.2	20	2	17.8	18
8	1.25	6.6	6.7	20	1.5	18.4	18.5
8	1	6.9	7	20	1	18.9	19
8	0.75	7.1	7.2	22	2.5	19.3	19.5
10	1.5	8.4	8.5	22	2	19.8	20
10	1.25	8.6	8.7	22	1.5	20.4	20.5
10	1	8.9	9	22	1	20.9	21
10	0.75	9.1	9.2	24	3	20.7	21
12	1.75	10.1	10.2	24	2	21.8	22
12	1.5	10.4	10.5	24	1.5	22.4	22.5
12	1.25	10.6	10.7	24	1	22.9	23
12	1	10.9	11				

表 F-6　英制螺纹、圆柱管螺纹攻螺纹前钻底孔的钻头直径

英制螺纹				圆柱管螺纹		
螺纹直径/in	牙数/in	钻头直径/mm 铸铁、青铜、黄铜	钻头直径/mm 钢、可锻铸铁	螺纹直径/in	牙数/in	钻头直径/mm
3/16	24	3.8	3.9	1/8	28	8.8
1/4	20	5.1	5.2	1/4	19	11.7
5/16	18	6.6	6.7	3/8	19	15.2
3/8	16	8	8.1	1/2	14	18.9

表 F-6（续）

英制螺纹				圆柱管螺纹		
螺纹直径 /in	牙数 /in	钻头直径/mm		螺纹直径 /in	牙数 /in	钻头直径 /mm
		铸铁、青铜、黄铜	钢、可锻铸铁			
1/2	12	10.6	10.7	3/4	14	24.4
5/8	11	13.6	13.8	1	11	30.6
3/4	10	16.6	16.8	$1\frac{1}{4}$	11	39.2
7/8	9	19.5	19.7	$1\frac{3}{8}$	11	41.6
1	8	22.3	22.5	$1\frac{1}{2}$	11	45.1
$1\frac{1}{8}$	7	25	25.2			
$1\frac{1}{4}$	7	28.2	28.4			
$1\frac{1}{2}$	6	34	34.2			
$1\frac{3}{4}$	5	39.5	39.7			
2	$4\frac{1}{2}$	45.3	45.6			

表 F-7 圆锥管螺纹攻螺纹前钻底孔的钻头直径

55°圆锥管螺纹			60°圆锥管螺纹		
公称直径/in	牙数/in	钻头直径/mm	公称直径/in	牙数/in	钻头直径/mm
1/8	28	8.4	1/8	27	8.6
1/4	19	11.2	1/4	18	11.1
3/8	19	14.7	3/8	18	14.5
1/2	14	18.3	1/2	14	17.9
3/4	14	23.6	3/4	14	23.2
1	11	29.7	1	$11\frac{1}{2}$	29.2
$1\frac{1}{4}$	11	38.3	$1\frac{1}{4}$	$11\frac{1}{2}$	37.9
$1\frac{1}{2}$	11	44.1	$1\frac{1}{2}$	$11\frac{1}{2}$	43.9
2	11	55.8	2	$11\frac{1}{2}$	56

表 F-8　套螺纹前的圆杆直径

粗牙普通螺纹				英制螺纹			圆柱管螺纹		
螺纹直径 /mm	螺距 /mm	螺杆直径/mm		螺纹直径 /in	螺杆直径/mm		螺纹直径 /in	管子外径/mm	
		最小直径	最大直径		最小直径	最大直径		最小直径	最大直径
M6	1	5.8	5.9	1/4	5.9	6	1/8	9.4	9.5
M8	1.25	7.8	7.9	5/16	7.4	7.6	1/4	12.7	13
M10	1.5	9.75	9.85	3/8	9	9.2	3/8	16.2	16.5
M12	1.75	11.75	11.9	1/2	12	12.2	1/2	20.5	20.8
M14	2	13.7	13.85				5/8	22.5	22.8
M16	2	15.7	15.85	5/8	15.2	15.4	3/4	26	26.3
M18	2.5	17.7	17.85				7/8	29.8	30.1
M20	2.5	19.7	19.85	3/4	18.3	18.5	1	32.8	33.1
M22	2.5	21.7	21.85	7/8	21.4	21.6	$1\frac{1}{8}$	37.4	37.7
M24	3	23.65	23.8	1	24.5	24.8	$1\frac{1}{4}$	41.4	41.7
M27	3	26.65	26.8	$1\frac{1}{4}$	30.7	31	$1\frac{3}{8}$	43.8	44.1
M30	3.5	29.6	29.8				$1\frac{1}{2}$	47.3	47.6
M36	4	35.6	35.8	$1\frac{1}{2}$	37	37.3			
M42	4.5	41.55	41.75						
M48	5	47.5	47.7						
M52	5	51.5	51.7						
M60	5.5	59.45	59.7						
M64	6	63.4	63.7						
M68	6	67.4	67.7						

附录二　二维码清单

表 F-9　视频二维码

名称	二维码	页码	名称	二维码	页码
1. 开篇		1-2	5. 回转式台虎钳结构		1-12
2. 钳工常用设备		1-5	6. 回转式台虎钳的拆卸		1-12
3. 钳工常用工、量具		1-7	7. 台虎钳的装配与保养		1-13
4. 安全教育		1-9	8. 游标卡尺的结构		2-8

表F-9(续)

名称	二维码	页码	名称	二维码	页码
9. 游标卡尺的刻线原理		2-8	14. 垂直度检测方法		2-19
10. 游标卡尺的读数方法		2-8	15. 锉削概述		2-22
11. 游标卡尺的正确使用		2-9	16. 锉削基础		2-23
12. 平面度检测方法		2-18	17. 锉削-工件的装夹		2-28
13. 圆弧线轮廓度的检测		2-18	18. 锉平面		2-29

表 F-9（续）

名称	二维码	页码	名称	二维码	页码
19. 线段的划法		2-36	24. 锯削技术		2-52
20. 圆弧划线方法		2-37	25. 錾削基础知识		2-65
21. 敲样冲眼步骤		2-38	26. 锉曲面		2-75
22. 锯条的安装		2-50	27. 钻孔		2-78
23. 起锯方法		2-51	28. 扩孔		2-79

表 F-9(续)

名称	二维码	页码	名称	二维码	页码
29. 铰孔		2-79	34. 板牙和板牙架介绍		2-101
30. 锪孔		2-79	35. 套螺纹		2-103
31. 钻孔前的划线		2-84	36. 矫正		3-5
32. 丝锥、绞杠		2-96	37. 板料在厚度方向的弯形		3-11
33. 攻螺纹		2-99	38. 板料在宽度方向的弯形		3-12

表F-9(续)

名称	二维码	页码	名称	二维码	页码
39. 錾口工艺手锤制作		4-5	43. 链传动		6-25
40. 锉配概述		5-5	44. 剖分式滑动轴承结构及组装		6-36
41. 凹凸锉配		5-10	45. 滚动轴承装配		6-38
42. 带传动		6-21	46. 齿轮减速器的装配过程		6-46

表 F-10　动画二维码

名称	二维码	页码	名称	二维码	页码
1. 螺纹连接结构类型装配		6-11	4. 滚动轴承的结构及组装		6-38
2. 螺纹连接防松措施		6-15	5. 二级圆柱齿轮减速器拆卸		6-50
3. 键、销连接		6-16			